ルル・ミラー
Lulu Miller
上原裕美子 訳

Why Fish Don't Exist

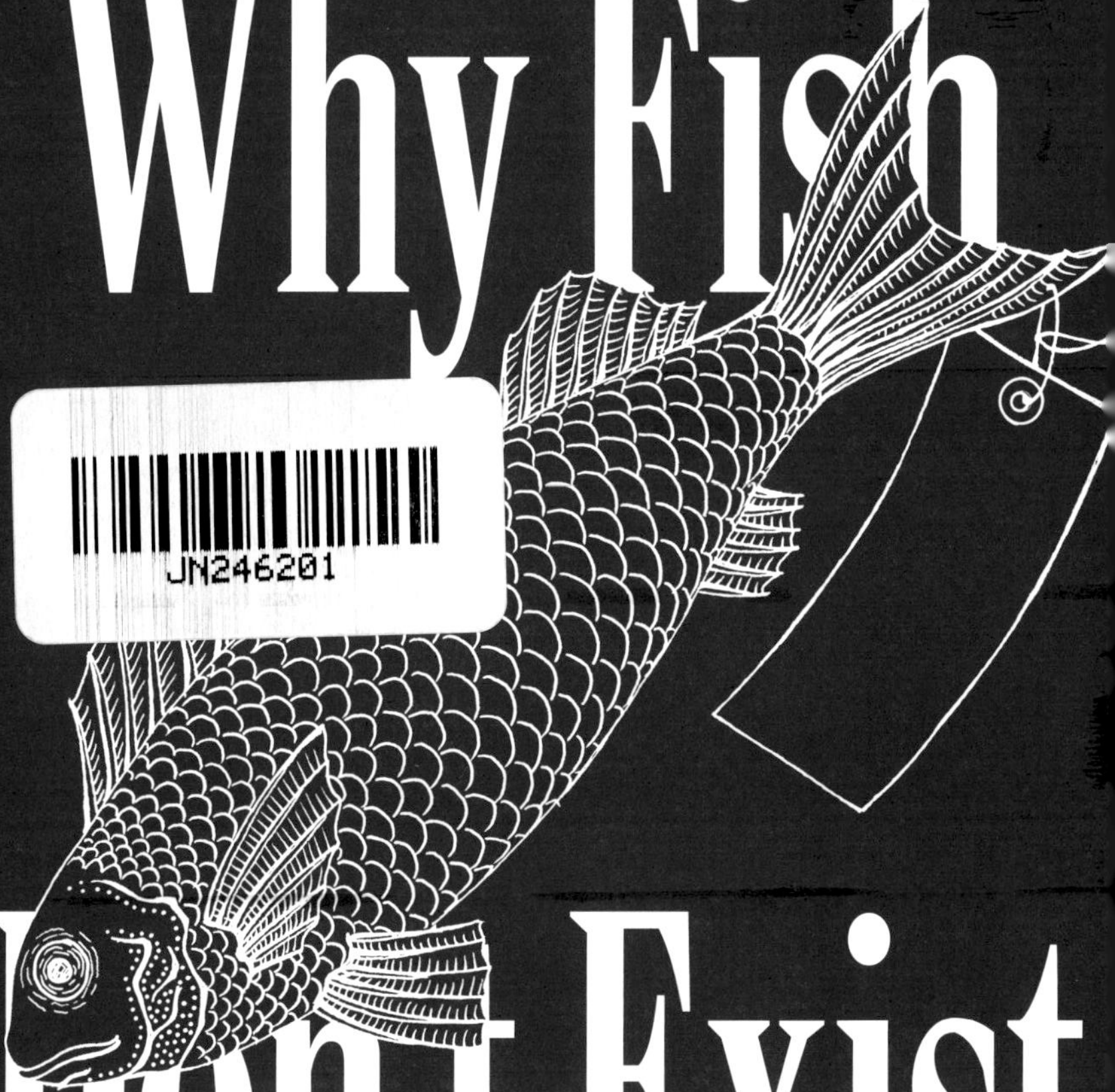

魚が存在しない理由

世界一空恐ろしい生物分類の話

サンマーク出版

WHY FISH DON'T EXIST

Illustrations by Kate Samworth

パパへ。

プロローグ

Prologue

あなたの一番大切な人を思い浮かべてみてほしい。その人がソファに座っている。シリアルを食べている。たわいもない話を夢中になって喋っている。メールの最後の署名をイニシャル1文字だけで済ませる人がいるでしょ、ああいうのってほんとイライラしちゃう、たった4文字くらいの入力の手間を惜しむんだよね——というような話とか。

そこへカオスが訪れる。あなたの大切な人を呑み込む。

カオスはよそからやってきて、人を傷つける。大木の枝が折れて落ちてきたり、スピード違反の車がつっこんできたり、銃弾が飛んできたり。そうかと思えば、自分自身の細胞が反乱を起こして、内側から人をむしばむこともある。カオスはあなたが育てる植物を枯らし、ペットを死なせ、自転車をさびつかせる。大事な思い出を汚し、好きだった街並みを崩壊させ、築き上げてきた大事なものをこなごなにする。

カオスは「もし起きたら」という類のものではない。「いつ起きるか」という問題だ。この世で唯一確実なもの。私たち全員を統べる支配者《マスター》。私の父は科学者で、幼かった私に、熱力学第二法則から逃れる方法はないと教えた。エントロピーは増大するだけで、決して減少はしないのだ。私たちが何をしようとも。

賢い人間はこの真実を受け入れる。賢い人間は、カオスと闘うことを試みたりしない。

けれど１９０６年の春の日、セイウチの牙のような口ひげをたくわえた長身のアメリカ人男性が、この支配者に逆らうことを選んだ。

彼の名前はデイヴィッド・スター・ジョーダン。多くの意味で、カオスとの闘いは彼の生業だった。ジョーダンは生物分類学者だったからだ。

分類学者の責務は、系統樹の形を解き明かし、この地球の混沌に秩序をもたらすこと。すべての植物や動物のつながりを整理して、生命の地図を作るのだ。ジョーダンの専門は魚類だった。魚の新種を探して世界中を回った。新たな手掛かりが１つ見つかるたび、自然の隠れた青写真が１つずつ明らかになっていくと彼は期待していた。

何年も、何十年も、辛抱強く彼は取り組んだ。ジョーダンの時代に判明していた魚類のうち**2割**は、彼と助手たちが発見したものだ[1]。１０００種類ほどの新種をつかまえ、命名し、銅製の標本タグにその名前を刻印して、標本とともにエタノール入りの瓶に沈めておいた。標本瓶は少しずつ、上へ上へと棚に積み上げられていった。

ところが１９０６年春の早朝、地震が起きる。ジョーダンの輝かしきガラス瓶コレクションを崩壊させる大地震が。

何百個もの瓶が床に落下し、ジョーダンが集めた魚類標本は、割れたガラスと倒れた本棚とともに砕け散った。何よりの不幸は**名前**だ。瓶の中に丁寧に収めていた銅製の標本タグが、床のあちこちでばらばらに交ざってしまったのだ。創世記を残酷にも逆戻りするかのように、ジョーダンが地道に名前を授けてきた数千の魚たちが、ふたたび名もなき有象無象へと戻っていた。

がれきの中に立つジョーダン、自身のライフワークが台無しになった事実の前に立ち尽くす口ひげの科学者は、意外な反応をした。彼はあきらめなかったのだ。絶望もしなかった。地震がつきつけた明白に思えるメッセージ——世界はカオスに支配されており、秩序をもたらそうとする試みはすべて水泡に帰す運命だ——を、聞き入れなかった。それどころか腕まくりをして何かを捜し始めた。

彼がカオスと闘うために見つけ出したのは、この世のありとあらゆる武器の中で、よりによって1本の「縫い針」だ。

親指と人差し指で縫い針を持ち、糸を通し、残骸の中でかろうじて特定できた標本の1つに針先を向ける。なめらかな一動作で、針を魚の咽喉の部分に通す。貫通させた糸を使って、標本タグを魚体そのものに直接縫いつける。

救出できた標本の一つひとつに、ジョーダンはこの小さな作業を繰り返した。もう二度とタグを瓶の中に固定せず沈めておいたりしない。必ず本体の表面に直接縫いつけるのだ。名前が、その名を与えられた生き物の咽喉に縫いとめられた。あるいは尾に。あるいは眼球に。

このささやかなイノベーションは、傲慢なほど楽観的な期待を伴っていた。これで彼の研究はカオスの襲撃から守られる。秩序を損壊する出来事がふたたび起きたとしても、彼の秩序は決して揺らがない。

★
★
★

カオスに逆らったデイヴィッド・スター・ジョーダンという人物のことを初めて聞いたとき、私は20代前半で、サイエンスジャーナリストとしてのキャリアをスタートしたばかりだった。

ジョーダンは浅はかな人間だったのだろう、というのが私の最初の感想だった。針で地震対策はできたのかもしれないが、火事、洪水、さび、そのほか彼が考えようともしなかった何兆種類もの災害や事故に対しては、どうするつもりだったのか。縫い針を使った発明はあまりにもお粗末で、その場しのぎでしかなく、彼を支配する自然の力について信じがたいほど無知であると思えた。

私に言わせれば、ジョーダンは、尊大になることを戒める「教訓」だった。翼を作るかわりに魚類を収集するイカロスだ。

けれど、そこから年齢を重ね、私自身もカオスに翻弄され、自分自身でめちゃくちゃにしている人生をなんとかつなぎあわせようともがく中で、私はこの分類学者のことが気になるようになった。

もしかしたら、彼は何かを見出していたのではないか。辛抱強さについて、あるいは生きる目的について、どんなときにもつぶれずに進み続ける方法について、私が知るべきことをジョーダンは知っていたのではないか。

自信過剰になるのは別に悪いことではないのかもしれない。台無しに見える状況を頑として認めないのは、浅はかさのしるしではなく——こんな考えはおかしいのかもしれないけれど——勝者の証だったとしたら?

そういうわけで、ある冬の日の午後、とりわけ絶望的な気持ちになっていた私は、グーグルに「デイヴィッド・スター・ジョーダン」と打ち込んでみた。画面に出てきたセピア色の写真に、口ひげを生やした白人の初老男性が写っている。目は少し厳しげだ。

あなたは誰?——と、私は考えた。反面教師? それとも、目指すべきお手本?

クリックして、さらにほかの写真も見ていく。今度は若きジョーダンが、子ヒツジのような巻き毛と突き出した耳をもつ少年として出てくる。手漕ぎボートの中に立つ青年の写真もあった。胸を張り、下唇を噛んでいて、セクシーという枠に分類できなくもない。一方でだいぶ年老いた別の写真では、肘掛け椅子に座って、脇に立つ毛の長い犬の身体を抱きかかえている。

ジョーダンが書いた記事や書籍へのリンクも見つけた。魚類採集に関する指南書、朝鮮半島やサモアやパナマで発見した魚の分類をまとめた研究書などだ。その一方で、飲酒やユーモアに関するエッセイ、意義や絶望に関するエッセイもあった。児童書も書いているし、風刺文も発表している。詩もある。

なかでも、人生の指針を探す迷えるサイエンスジャーナリストにとって一番重要だったのは、彼の自伝『ある男の日々』（未訳）だった。デイヴィッド・スター・ジョーダンの人生が、上下巻でことこまかにつづられている。1世紀近く前に絶版になっていたけれど、27・99ドルで売ってくれる中古書店を見つけた。

本が届くと、私はその包みにあたたかさのようなものを感じ、うっとりと手にとった。まるで宝の地図が入っているかのように。ナイフを差し込んで包装のテープを破ると、深緑色の分厚い書籍2冊が姿を現した。タイトルの文字が金色に光っている。

たっぷりのコーヒーを淹れて、ソファに座る。自伝の上巻を膝の上に置く。カオスに屈することを拒んだ人間がどんな生き方をするものなのか、知るための準備が整った。

魚 が 存 在 し な い 理 由　目 次

デザイン＝岩元萌（オクターヴ）　DTP＝株式会社キャップス
校正＝株式会社鷗来堂
編集＝梅田直希（サンマーク出版）

- 本文中に登場する他の書籍からの引用の翻訳は、用語を除き基本的には本書訳者によるものです。
- 本書には差別的な表現が含まれていますが、その言葉が使われた背景を表現する意図で使用しています。
- 生物の学名は〈 〉で示しました。英名や和名が複数あるものは、一般的と思われるものを採用しています。
- 学名は本来ラテン語アルファベットで記載するものなので、カタカナで書くことはありません。ですが、本書における必要性に鑑み、あえてカタカナで表記しました。妥当な読み方となるよう最大限に注意を払いましたが、確実な表記とは断言できないことをご理解いただければ幸いです。

第1章

頭上に星を戴く少年

A Boy with His Head in the Stars

デイヴィッド・ジョーダンは1851年、ニューヨーク州北部のリンゴ農園で生を享《う》けた。冬至を少し過ぎた、一年でも一番暗い時期に。彼が夜空の星に夢中になったのはそのせいだったのかもしれない。

「秋の日の夕べには、とうもろこしの皮をむきながら、天の星々の名前や意味を熱心に考えた」(1)と、本人は少年時代を振り返って書いている。

星のきらめきだけを楽しんでいたわけではなかった。星たちの並びはごちゃごちゃだ。整理して理解しなければならない。8歳になった頃には天文図を手に持って、頭上に見えるものを手元の図と見比べるようになった。夜ごとに家を抜け出しては、空にあるすべての星の名を知ろうと試みた。

本人の弁によれば、夜空全体に秩序をもたらすのにかかった期間は、たった5年。偉業をなした褒美として、自分のミドルネームに「スター(Starr)」を選び、生涯ずっと誇らしくその名を書き続けた(2)。

天空を手中に収めたデイヴィッド・スター・ジョーダンは、今度は地上に目を向けた。多種多様な木々、巨大な岩石、いくつもの納屋、家畜たちが家のまわりでユニークな星座を構成している。両親は息子に忙しく家事を言いつけ、ヒツジの世話や、芝刈りや、ぼろ布を縫い合わせて敷物を作る作業をさせた[3]（特に敷物を縫うのはデイヴィッドの役目だった。彼の手の筋肉は早くから縫い針の扱い方を知っていたというわけだ）。けれど、そうした家事のすきま時間を使って、彼は地図を作り始めた。

デイヴィッドは13歳年上の兄ルーファスに手伝いを頼んだ。焦げ茶色の目をした兄は、物静かでおだやかな性質で、自然への造詣が深かった。ウマの首の上から下まで手を滑らせて落ち着かせる方法も、茂みの中で一番ジューシーなブルーベリーが見つかる場所も、兄から教わった。ルーファスが大地の秘密を次々に解き明かしてみせる様子に、デイヴィッドは心を奪われた。兄に「絶対的な崇拝心」[4]を抱いた、と自伝に書いている。

そして少しずつ、兄と一緒に見たものすべてを盛り込む詳細な地図を作っていった[5]。家族が管理する果樹園だけでなく、学校までの通学路も地図にした。知っている土地が全部終わったら、今度は見知らぬ土地に関心を移した。遠くの街、州、国、大陸の地図を探して模写し、やがて少年の貪欲な指先は地球のほぼすべてを触り尽くすに至った。

「当時の私の没頭ぶりは」と、デイヴィッドは自伝で書いた。「母を心配させるほどのものだった[6]」

母は大柄で、名前をハルダと言った。ある日、堪忍袋の緒が切れた母は、少年の汗じみがついたしわくちゃの地図をすべて取りあげ、捨ててしまった。

★
★
★

なぜそんなことをしたのかは知りようもない。ハルダと、その夫のヒラムが、敬虔な清教徒《ピューリタン》だったせいかもしれない。夫婦は、決して大声で笑わず、毎朝必ず日の出よりも早く起床するなど、修道者めいた生き方を誇りとしていた(7)。

2人にしてみれば、すでに地図に載っている土地の地図作りに時間を浪費するというのは、あまりに無意味な行動だったのだろう。果樹園には収穫すべきリンゴがあり、畑には掘るべきじゃがいもがあり(8)、家には縫い合わせるべき敷物があるというのに、そんな多忙な時期の時間の使い方として、地図作りは愚の骨頂だったのかもしれない。

あるいは、ハルダが息子の活動を認めなかった理由は、単に当時の主流の考え方に沿っていただけという可能性もある。19世紀中頃には、自然界を体系化する作業など、もはや時代遅れとなり始めていた。400年以上前に始まった大航海時代は、1758年にはほとんど終わっていた。現代の分類学の父と言われるカール・フォン・リンネが大著『自然の体系』を完成させ、生命の分類をすべて明らかにしたからだ〔訳注：同年刊行の第10版で生物分類のシステムが確立した〕（ただし、リンネが書いた図には間違いが多々含まれていた。たとえばコウモリは霊長類、ウニは虫として分類していた）。[9]

港から港へ船の往来が以前より頻繁になってくると、外国の標本や地図を見る楽しみ――かつては人々がそのために店や酒場やコーヒーハウスに集まっていたものだった――も流行らなくなった。[10]「驚異の部屋」〔訳注：めずらしい品物を並べた場所。貴族の屋敷の珍品陳列室など〕は埃《ほこり》をかぶり、世界は、もうすっかり既知のものになった。そう思われていた。

一方で、少年の地図が捨てられた背景には、さらに別の理由が介在していた可能性も考えられる。まさにこの当時、冒涜的な書籍の話があちこちの新聞を騒がせていたからだ。『種の起源』である。

1859年、ちょうど少年が星に没頭し始めた頃に出版されたこの本のことを、母はもしかしたら新聞で読み、それまでの世界の秩序が転覆しつつあることを感じ取っていたのではないだろうか。

何が理由だったにせよ、母ハルダの考えは変わらなかった。しわくちゃにまるめた息子の地図を腕いっぱいに抱えて、「もっと役に立つこと」[11]を見つけなさい、と言った。聞き分けのよい少年かのように、彼は従った。地図作りはやめた。しかし現実の少年らしく、実際にはやめていなかった。まったくやめていなかった。

「何しろ、私の家の周りは野生の花々が実に豊富だった」[12]と、非難の矛先を大地に押しつけるかのように、デイヴィッド・スター・ジョーダンは自伝で書いている。やわらかな青いポンポンや、つややかなオレンジ色の星たちが、学校帰りの草むらで目に入ってくる。少年は、今度はそうした花々のために足を止めるようになった。摘んでみて、匂いを嗅いでみる。そのまま地面に捨てられてしまう草花もあったが、ときには彼の指先に長くとどまり、自宅の寝室まで運ばれていく草花もあった。ベッドの上に並べられた神秘的な花弁の並びは、少年の心をくすぐった。

この花のことを知りたい、名前を知りたい、自然界のどんな位置にいるのか知りたいという欲望を彼は抑えこもうとした。実際、それなりに抑えてはいたのだが、それも思春期が来るまでのことだった。

中学に入った1日目に、デイヴィッド少年は図書室からこっそり植物図鑑を持ち帰った。[13] 自室に閉じこもり、手に図鑑を持ち、机いっぱいに並べた植物と見比べて、どの花が何という名なのか、属名や種名を調べていく。

身体がだいぶ成長し、足指に毛が生え、声変わりも始まっていた彼は、通りすがりに見かけた花をわざわざ学名で呼び、母の神経を逆なでするようになった――あれはツルニチニチソウじゃなくて〈ウィンカ・マヨール〉だよ、とか。これはヒマワリじゃなくて〈ヘリアンサス・アナウス〉なんだけどね、とか。

今回は僕の情熱をつぶしたり、まるめたり、捨てたりすることなんかできないんだ、という宣言のようなものだった。「特定した植物の名前を順番に貼っていくのに便利だという理由で、寝室の白い壁を愛していたほどだった」[14] と自伝で書いている。

周囲が眉をひそめるような仲間もできた。通りの先の農園に住む貧しい老人、ジョシュア・エレンウッドだ。地域で見られる植物のほぼすべてを学名で熟知していた。そんな芸当を身につけた見返りとして、老人が得ていたのは、近所の人からの「ごくつぶし」「無駄なことばかりしている」[15] という評価だ。

デイヴィッドはこの老人をあがめた。田舎道を歩く老人のあとをついて回り、葉の形や花弁の数や香りなどで植物を見分ける技をできるだけたくさん吸収しようとした。老人と知り合ってからは、美への愛着も捨てた。むしろ平凡で醜い花々、たとえばセイヨウタンポポ――デイヴィッドなら、「正確には〈タラクサカム・オフィシナレ〉なんだけどね」と言っただろう――や、ミヤマキンポウゲ――「こっちは〈ラナンキュラス・アクリス〉なんだけどね」――のほうが、自然界の青写真を解明する手掛かりとして優れていると断言するようになった。

「こうした小さき者たちは美しくはないが、私にとっては、さまざまな立派な植物100種類に勝る意味があった。単なる美的関心ではなく科学的興味であると言える決定的要素は、世間の目に触れぬ、取るに足りないものに目を向けることだ」[16]。自伝ではそう書いている。

世間の目に触れぬ、取るに足りないもの。

デイヴィッド・スター・ジョーダンは、これを書いたとき、自分自身について告白していたとは言えないだろうか。

自伝ではほとんど触れていないが、人間の世界は彼に冷たかったらしい。歴史家エドワード・マクナル・バーンズが、デイヴィッドの両親が彼を寄宿学校に入れたときのことを、こう書いている。

「女子生徒は〔彼のことは〕眼中になかった。彼以外の男子生徒たちは、薪を上階に運ぶための籠に入って夜中に〔女子生徒たちの寮へ〕忍び込んだりもしていたらしい」[17]。あわれなデイヴィッドがそんな奇策を体験することは一度もなかった。

年齢を重ねるにつれ、外の世界はいっそう彼に対して厳しさを増していった。氷が張った池でスケートをしても、自分より小さい男の子に体当たりされる[18]。歌を歌おうとしても、音楽の先生に「きみは静かに」と言われる[19]。16歳のときに参加した野球の試合は、凡球に飛びついたデイヴィッドが「鼻を骨折するはめ」になって中断した。鼻は「曲がってくっついたせいで、それ以降ずっとわずかに歪んでいる」[20]。

初めて教師の真似ごとをしたのもこの頃だ。近所の町に住む、手に負えない悪ガキたちの指導を任された。デイヴィッドは数週間ほど、なんとか教室に秩序らしきものを保とうと努力した。木製の指示棒を振って注意を引こうと試み、ときには一番態度の悪い子をその棒でぶったりもした。しかし案の定というべきか、手ひどい反撃に遭う。生徒たちは集団でデイヴィッドを取り囲み、大事な指示棒をとりあげて、火にくべてしまった。[21]

デイヴィッドは孤独な楽しみを選ぶようになっていく――冒険小説や詩を読んだり、「右手と左手で握手をしてそれをジャンプで飛び越える」[22]遊びに没頭したり。ところが、孤独でいてもなお、彼を傷つけるものからの安全は保たれていなかった。たとえば11歳のある日、「切り株を燃やすという心やすまる作業」[23]を満喫していたとき、姉のルシアが母屋の戸口のところに姿を現し、生きている兄に会いたかったら急いで家に入れと叫んだ。

デイヴィッドは混乱した。兄のルーファスがそもそも家にいるはずではなかったからだ。奴隷廃止論を熱心に支持していた兄は、少し前に、北軍に入隊し南北戦争に加わるため家を出ていた。ところが戦地に足を踏み入れる前、信念の強さを試される前に、野営地で得体の知れない病気にかかる。病気はあっというまに全身に回り、高熱が出て、肌に赤い斑点が出た――当時は原因も治療法も知られておらず、「軍隊熱《アーミー・フィーバー》」とだけ言われていた症状だ（数十年後には「チフス」と呼ばれるようになった）。

兄のベッド横にかけつけると、ルーファスの羅針盤のような目は力なくどんよりとよどみ、ほとんど焦点も合わせられない状態だった。デイヴィッドは何時間も兄に寄り添い、兄の身体に力が戻るよう運命に祈り続けた。

翌朝、ルーファスは目を覚まさなかった。

「兄の早すぎる死のあと、寂しさと悲嘆に明け暮れた長い日々のことは、今もよく覚えている」と、デイヴィッドは自伝で書いている。「毎晩のように夢を見た。起きたことは事実ではなく、兄が無事で健康に戻ってくる、という夢だった」(24)

★ ★ ★

ルーファスの死去後、デイヴィッドの日誌は色が炸裂している。(25) 野草の花々、シダやツタ、キイチゴ、そのほか彼が世界からもぎとってこられるありとあらゆる自然の断片らしきものを、几帳面にスケッチするようになったからだ。

絵は決して巧みではなかった。(26) 苦労のにじむ不器用な仕上がりで、エンピツのかすれ、インクのしみ、消しゴムでこすった跡があちこちにあり、勢いよく色を塗ったせいで少し破けてもいる。

しかし、その粗削りさの中には彼の強迫的なこだわりと必死さ、そして自分にとって未知のものを力ずくで紙の上に押さえ込もうとする試みが見てとれる。それぞれのスケッチの下には、満を持して、学名が添えられた。インクはそこだけ急になめらかに滑り、筆記体のループにも若干の自信がこもっている。〈カンパヌラ・ロトゥンディフォリア〉（イトシャジン）。〈カルミア・グラウカ〉（北米亜寒帯に生息するアメリカシャクナゲ）。〈アストラガルス・カナデンシス〉（マメ科植物）。

自伝では、学名を口に出すときに抱く感動について語っている。それらのラテン語は勝利と支配の宣言だった。「学名は、私の唇には蜜のように甘い[27]」

心理学では、このときの彼がしていたような行動が研究されている。苦しみの渦中にある人にとって、何かを収集するという行為は、甘美な慰めになるのだ。強迫的に何かを収集する患者を何十年も診ていた精神科医ヴェルナー・ミュンスターベルガーは、著書『蒐集　その制御しがたき情熱』（未訳）で、何らかの「剝奪、喪失、脆弱さ[28]」を体験したあとに収集癖に拍車がかかる傾向を指摘した。患者たちは、手元に何かが1つ集まるたび、「幻想の万能感」を強く味わっていた。

グラナダ大学の心理学者フランシスカ・ロペス-トレシージャスも同様の現象を指摘し、

ストレスや不安を抱く人が苦痛をやわらげるために収集行為に走ることがあると述べている。「自身の無力さを痛感するとき、強迫的収集行為が、その痛みを緩和する手助けになる」[29]。唯一の危険性があるとすれば、それはミュンスターベルガーが警告しているように、一線を越えてしまった収集癖は――あらゆる強迫行動と同じく――「人に活力を与える」ものから「人を破滅させる」ものへと変わっていく可能性があることだ[30]。

★
★
★

年齢を重ね、肩幅が広くなり、唇が分厚くなるとともに、新しい種を知りたいというデイヴィッドの渇望はいっそう強くなった。

しかし、周囲は誰もそんなことを気にしようとしない。どれだけ一生懸命勉強しても、どれだけ学名を覚えても、分類学に関する論文を書くようになってからも、「私の関心に対し、学校ではいっさいの注意が向けられなかった」[31]。

ニューヨーク州のコーネル大学に進み、たった3年で科学の学士号と修士号を取得したが、その後の就職先探しは難航した[32]。大学側が求めている人材は、首元にタイを上品に結び、教室で指示棒を持っていかめしく指導ができる、社交性のある人物だ。押し黙り、膝をむき出しにして肘を泥だらけにしながら自然の中を這い回る行為は、デイヴィッドにとっては至福の活動だったが、大学から見れば子どもの遊びにすぎなかった。

実際、それが本来の道だったのかもしれない。彼は、ひたすら植物採集にのめりこむだけ。世界は、彼の天性の才がもつ価値を理解しないまま。そうしてデイヴィッド・スター・ジョーダンは植物に囲まれた孤独の中へゆっくり沈み、時間が過ぎ去っていく。

彼がペニキース島に足を踏み入れることがなかったならば、運命はおそらくそうなっていたはずだった。

第2章

島の預言者

A Prophet on an Island

ペニキース島はマサチューセッツ州の海岸から14マイル（約22キロ）沖合にある。全長は1マイルに届かず（1・5キロほど）、照りつける日差しをさえぎる木々もほとんど生えていないこの島は、[1]エリザベス諸島の中の「チビ島」、[2]「哀れなる寂しき小岩」、[3]あるいは「地獄の出張所」[4]などと呼ばれている。

けれど、どういうわけか、このむき出しの小島では、昔からさまざまな形で希望をつなぐ努力が行われてきた。1900年代初期には、ハンセン病患者の治療方法を模索していた医師が、ここに療養所を作り運営していた。[5]1950年代には、島はバードサンクチュアリに変わり、激減していたアジサシの個体数回復のために研究者らが努力していた。

その後1970年代のこの島は、非行少年や不良たち、言い方はいろいろあるが、要するに何らかの問題を抱えた青少年の矯正施設となった。海兵隊員で漁師だった人物が、少年たちを社会から隔離し、肉体労働をさせ、動物の世話や造船作業などに取り組ませながら、共同生活と勉強を通じて「多くの殺人犯予備軍を車泥棒程度に変える」[6]ことができると考えたのだ。

私が島のことを知った頃には薬物依存症患者の更生施設があり、ヘロイン中毒になった人たちが、ここで薬物と完全に手を切ってクリーンになることを目指していた。とはいえ、これらはすべてだいぶあとの話だ。デイヴィッド・スター・ジョーダンの時代に、この寂しき小岩に救済の目的で集まっていたのは、博物学者《ナチュラリスト》たちだった。

1873年、デイヴィッドがコーネル大学を卒業したばかりの頃、当時もっとも有名な博物学者の1人だったルイ・アガシは、博物学という職業の未来に懸念を深めていた。身体はクマのように大柄、顔はもみあげからぐるりとひげがつながったアガシは、スイス出身の地質学者で、氷河期時代が存在したことを発見した功績で名を馳せていた。

地球が氷で覆われていたという着想を彼が得たのは、化石や、岩盤についた跡を綿密に観察したからこそだ。科学を学ぶ最善の方法は自然を入念に調べることだ、と彼は確信していた。「書物ではなく自然を研究せよ」(7)というのがアガシのモットーだ。学生を動物の死体と一緒に小部屋に閉じ込め、(8)「観察対象が備えている真実すべて」(9)を見つけるまで出ることを許さないといった指導方法でも知られていた。

アガシは40代でハーバード大学の教授となったが、そこでの光景に愕然《がくぜん》とした。泥の中で探究作業もしない、学生を腐りかけの小動物と一緒に小部屋に閉じ込めることもしない。論文と試験、そして科学書に刷られた信念を受け売りで暗唱するばかり。

アガシはこのアプローチに危機感を抱き、「科学とは、全般として、何かを信じることとは対極にあるものだ」[10]と警告した。たとえば１８５０年代になっても、まだ多くの有名な科学者が「自然発生」説を信じていた——ハエやウジは埃の粒子から発生する、つまり無生物から生物が生まれるという考え方だ。そのわずか数十年前には、「フロギストン」という魔法の物質が素材の燃焼を決定すると信じられていた。アガシの時代になっても、「軍隊熱」のような摩訶不思議な病気から大切な家族を守る方法は何もなかった。そうした病気の原因となるバクテリアが発見されていなかったからだ。

アガシに言わせれば、時代が信じることを受け入れて満足していると、人間は成長できず、立往生をしたまま、病気も治らない。そこから抜け出して真実と出会う道が、観察を続けることなのだった。この世界の石ころを、花びらを、毛皮を、できるだけ間近で、できるだけじっくり観察しなければならない。

嘆かわしい現状に毒されない場所で正しいことを教えたい——アガシはそう夢見るようになった。若き博物学者のためのサマーキャンプのようなものを立ち上げて、自然を直接観察する技術を学ばせるのだ。１８７３年に、裕福な土地所有者がペニキース島を社会貢献のために寄付すると申し出たとき、アガシはその機会に飛びついた。

島の位置は理想的だった。本土からは1時間の距離で、アクセスはしやすく、同時に本土から離れて自由を感じられる。規模も理想的だった。あちこちうろつき回れるくらいには広いが、道に迷う余地のないくらいには狭い。

観察対象という点ではどうだろう？——それについては、どこから着手すべきか迷うほど。木の生えない海岸には、海辺の植物が絨毯のように繁茂している。風に揺れる草はガサゴソと動く財宝たちでいっぱいだ。カニ、トンボ、ヘビ、ネズミ、コオロギ、その他にもさまざまな甲虫がいる。チドリやフクロウの姿も見える。潮だまりには巻貝やフジツボがいて、藻が揺らいでいる。

それから、おそらくアガシが大得意とする褐色の巨岩が、不格好な歯のように島のそこかしこに散らばっていた。高さ15フィート（5メートル弱）ほどの岩もあり、表面に刻まれた溝の位置から、約2万年前に巨大な氷河が移動してきた方向がわかる。

さらに忘れてはいけないのが海だ。打ち寄せるサファイアブルーの波の中は生き物があふれていた。ヒトデ、クラゲ、カキ、ウニ、エイ、カブトガニ、ホヤ。発光する虫や魚たち。美しいもの、ぬるぬるしたもの、きらきらしたもの。網を投げれば必ず何かが入ってくる。自然そのものを通じて科学を教えたいと切望していた人間にとって、ここはまさに天国だった。

アガシが島に学校を建てるべく材木の手配を始めていた頃、デイヴィッド・スター・ジョーダンは、マサチューセッツ州からアメリカ大陸を横へ半分ほど進んだイリノイ州のゲールズバーグにいた。ようやく仕事が決まり、ロンバート・カレッジという小さなキリスト教系の大学で科学を教えていた。だが彼はみじめだった。土地柄に対しても、精神的な面でも、孤独感を抱いていた。氷河期論という冒涜的な説を教える彼に対して、周囲の教員は批判的だったし、それどころか学生が研究室の器具をいじって「化学薬品を無駄遣いする」[11]ことを許容していた。イリノイ州は気温が低く、地形も平坦だ。幼少期を過ごした緑多き山間地が恋しかった。

早春のある日、まだ暗い朝方に新聞を読んでいた彼は、「海辺の自然史学校」の受講生募集広告を見つける。[12]ルイ・アガシその人が出した広告だ。

私の想像の中で、デイヴィッドはこのときコーヒーにむせたことになっているのだけれど、たぶんそれはコーヒーではなかっただろう。デイヴィッドは生涯、絶対禁酒者として生きたからだ。認知能力に悪影響があるという理由で、酒と煙草、そしてカフェインもとらなかった。だから水にむせたか、ハーブティにむせたか、とにかく広告に対して驚愕の反応を示したに違いない。そんな場所が存在するとは！

即座に申し込みをして、数週間後には受講を認める返信が来た。デイヴィッドがイリノイ州を脱出するためのチケットだ。アガシ直筆の署名がしてあった。

★
★
★

それから数か月後の1873年7月8日[13]、デイヴィッド・スター・ジョーダンはマサチューセッツ州ニューベッドフォードの埠頭に立ち、生まれて初めて海を目にしていた。このとき彼は22歳だった。

しばらくすると、若き博物学者の男女が続々と埠頭に集まり始めた。美しい朝だった。湾はおだやかで、空は青く澄み渡っている。タグボートがこちらに向かってやってきた。彼らを水平線の向こうまで運ぶ船だ。渡り板が下ろされ、50人の若者がぞろぞろ歩いて乗り込む。波間を運ばれながら彼らが何を話していたかは記録が残っていない。たぶん、それぞれが情熱を捧げる領域について聞きあったのだろう――動物の世界か、植物の世界か、鉱物の世界か。

デイヴィッドにも質問が向けられたとしたら、彼もお得意の持ちネタを披露していたかもしれない。実家の外壁がツタですっかり覆われていたから「自衛のために植物学者になった」[14]というジョークだ。いや、それよりも船のへりにがっちりしがみつき、飛んでくる水しぶきを凝視していただろうか。この頃はかなり人見知りだったと本人が告白している。初めての場所では特に内気だった。[15]自然の中に安らぎを求める長年の習性にのっとって、このときも存在感を消していたかもしれない。

1時間ほどすると、タグボートがエンジンの回転速度を落として島に近づき始めた。デイヴィッドが立っていた甲板から、島の長い船着場と、その端に立つ人影が見えた。彼は自伝でこう書いている。

アガシの姿を最初に見たときのことは私たちの誰もが決して忘れないだろう。早朝のニューベッドフォードから小さなタグボートでやってきた私たちを、アガシは島の上陸場所で出迎えた。狭い埠頭に1人で立ち、その大きな顔がよろこびで輝いていた。(……)

アガシは背が高く、たくましい体つきで、広い肩幅が歳月の重みでわずかに曲がっている。大きく丸い顔に、やさしげな茶色の目が輝き、陽気な笑みを浮かべる。（……）彼は到着した私たちをこのうえなくあたたかく歓迎した。一人ひとりの顔を覗き込み、大勢いたであろう希望者の中から私たちを選んだ自分の選択の正しさを確かめていた。(16)握手で出迎えた後、「偉大なる博物学者」は若者たちを丘の上に案内し、できたばかりの宿泊施設を披露した。実際のところ、建設作業がアガシの予想よりも長くかかったせいで、建物は完成していなかった。窓にはガラスが入っていないし、屋根も葺《ふ》き終わっていない。(17)男女が寝泊まりする部屋は壁で仕切られる予定だったが、今のところは薄っぺらな帆布が天井の垂木から吊るされているだけ。(18)

若者たちの何人かはおじけづいた。ニューヨーク州ロチェスターから来たフランク・H・ラティン［訳注：鳥類学者で、のちに政治家となった］という青年は、「荒涼とした」島と、倒れそうなちゃちな建物と、太陽の日差しから逃れられない環境を見て、地獄のようだと感じたという。

ラティンは「どう見ても、この世のどこよりも魅力のない場所だった」(19)と書いている。

「ここでの滞在を自分が楽しむことができるとは、とても思えなかった」

けれど、目というのは油断ならない器官だ。同じものを人によって違う姿で見せる。ラティンの目には地獄に見えた土地は、デイヴィッドの目には、とてつもなく魅力的に映った。黄金色の砂浜は不思議な貝や、海綿動物や、海藻などで光っている。ほかの若者たちが会話を交わし、ちょっかいをかけあったり、ずらりと並んだ簡易寝台の中で自分の寝所を選んだりしているのをよそに、デイヴィッドはひっそり海岸へ降りて行って、初めて触れる海水に指先をかすめさせた。つるっとした黒い石を拾い上げ、それから緑の石を拾う。たちまち、彼の人生のテーマとも言える疑問で頭がいっぱいになる。「これは角閃石だろうか」「こっちは緑簾石だろうか」「どうやって見分ければいいんだ？」[20]

しばらくすると軽食に集まるよう声がかかった。ほかのメンバーと一緒に向かった場所は、数日前までヒツジ小屋だった場所だ。[21] 四本足の動物を追い出し、かわりに四本脚のテーブルを置いた小屋は、藁と芝生と糞尿の臭いが充満し、獣臭さも漂っていたに違いない。天井の垂木にもクモの巣やツバメの巣がかかったまま。[22] ここが夏のあいだメインの教室として使われる場所だった。

若者たちは長いテーブルにつき、食事をつつきながら会話に花を咲かせた。ひょっとするとこの軽食の最中に、赤褐色の髪がデイヴィッドの視界に入っていたのかもしれない。髪の持ち主は、マサチューセッツ州から来た植物学者スーザン・ボウェン。2人はこの夏のあいだに距離を縮め、一緒に月明かりの下で海岸を散策したり、真っ暗な波に足首をすべりこませグリーンの生物発光をきらめかせて遊んだりする間柄になる。[23]

食事が終わると、アガシが立ち上がり歓迎のスピーチをした。デイヴィッドに言わせれば、あまりにも美しい祝福なので、再現もできないほどだった。「あの日のアガシの言葉を伝えることなど不可能だ」[24]

私たちにとっては幸運なことに、有名な詩人ジョン・グリーンリーフ・ホイッティアもこの夏の参加者の1人だった。ホイッティアは「伝えることなど不可能」とは思わなかったらしく、のちに発表した詩「アガシの祈り」[25]（未訳）で、まさにこのときのスピーチについて語っている。詩は、「紺碧の海に囲まれた／ペニキースの島で」とシーンを描き出す表現から始まり、アガシのスピーチの主旨、すなわち、生物採集の理由に踏み込んでいる。

師は若者たちに告げた。

「われら真実を求めてここに来たり。
形の定まらぬ鍵を手にして、
神秘の扉にひとつ、またひとつと対峙する。
神のおきてのもと、われらは手を伸ばす。
信義の御衣のすそへ、
主へ、無限へ、いまだ始まらぬものへ、
名付けえぬものへ、たったひとつのものへ、
われらのすべての光の中の光、源、
命の中の命、御力の中の御力へ。
まだ目が明かぬ者の指先で、
われらは手探りで求めている、
この符牒が意味するものを、
見えているものの中の見えざるものを」

私は詩の解釈が得意というわけではない。でも、「名付けえぬもの」「たったひとつのも

の」「源」「御力」「見えざるもの」……頭文字を大文字にして記された単語を私が正しく解読しているのだとすれば、ペニキース島に集まった若き学者たちが、彼らの愛する草木や岩石や巻貝を凝視しながら探し求めていたもの、それは……

神ではないのか。

事実、アガシ自身がはっきりと書いている。生物は1つ残らず「神が思いつかれたもの」[26]だとアガシは信じていた。分類学の仕事とは、「創造主の御考え」を「人間の言葉に翻訳すること」なのだ、と。

とりわけアガシは、自然界には神聖なる創造のヒエラルキーが隠されていると確信していた。そのヒエラルキーを整理すれば、道徳の教えが明らかになるはずだ。

自然界には道徳律が隠されているという発想——「階層《ヒエラルキー》」と呼ぶにせよ、「階段」と呼ぶにせよ、あるいは、不完全から完全への「グラデーション」と呼ぶにせよ——は、遠い昔から存在している。古代ギリシャの哲学者アリストテレスは、自然界には神聖なはしごがあると想定した[27]（のちにラテン語で *Scala Naturae*「自然の階梯」と呼ばれるようになった）。すべての生命体は下等なものから高等で神聖なものに至る順番のどこかに配列されているのだ。一番下は岩などの無生物で、植物、昆虫、動物と序列が上がっていき、一番高い階層に人間がいる。この順番を正しく解明すれば、創造主の神聖な意図が理解できる、とアガシは考えていた。意図だけではない。人間がより高等な存在となるための方法も、おそらく見えてくるのではないか。

序列が明白に見える部分もあった。たとえば姿勢だ。魚が「水中でひれ伏している」[28]のに対し、人間は「天を向く」立ち姿をしているのだから、高等であることは歴然としている。その一方で、序列がはっきりしない部分も多かった。オウム、ダチョウ、ソングバード［訳注：鳴禽類《めいきんるい》と呼ばれる、さえずりが特徴的な鳥の総称］の中では、どれが上の段にいるのか[29]。その序列を解明できれば、神が何をより重視なさったのかわかる。喋ることが大事なのか、大きいことが大事なのか、歌うことが大事なのか。

では、その謎をどうやって解けばいいだろう？　ここからがアガシたちの腕のみせどころであり、顕微鏡や拡大鏡の出番だ。「身体の構造の複雑さ、単純さ」「周囲との関係における特徴」[30]など、生物に関する客観的尺度だとアガシが信じる指標を根拠に、生命体を正しい序列で並べていく。たとえばトカゲは、「よりきちんと子育てをする」[31]ので、魚よりも格上だ。そして寄生生物の多くは明らかに格下だ。生きる手段を見ればわかる。タカリと騙しとタダ飯食らいしかしていない。

しかし、もっとも重要な教えは生物の外皮の下にあるとアガシは信じていた。ペニキース島での講義でも、外面に騙されるな、と警告している。生き物がまとっているのがうろこでも、羽毛でも、トゲでも、注意しなくてはならない。その外面のせいで危険な誤解をする可能性があるからだ。まったく関係のない生き物に類似点を見てしまうかもしれない（たとえばハリネズミとヤマアラシは、外見はよく似ているが、中身はまるで違う）。

神を正しく理解する最善の方法はメスを使うことだ、とアガシは説明した。表皮を切り開き、中を見るのだ。そうすれば生き物の「真の関係」[32]がわかる。骨、軟骨、内臓に、序列が見える。神のお考えがそこに一番はっきりと表れている。

たとえば魚だ。目の前の海でたった今泳いでいる魚もすべてそうだ。1匹つかみとって解剖してみれば、きわめて明確な神のメッセージが見つかる。「人間は退化して倫理的に劣ったものになっていく可能性がある」というメッセージだ。階層の下のほうにいる魚に「人間の身体的特徴の起源」[33]があるのを見なければ、そのことには気づけない。

アガシの考えによれば、魚の骨格がショッキングなほど人間に似ている（頭蓋骨、脊椎、肋骨のような突起など）のは、人間に対する警告だった。人間が自分のいやしい願望を抑えなかったなら、あっというまに下等なものへ転落していく、という恐ろしい教えを魚たちはつきつけている。

「人間を〔魚と〕隔てる贈り物、すなわち道徳と知性を使うのか、それとも踏みにじるのか」、それによって「人は最底辺に沈みもするし、精神の高みへと昇りつめもするだろう」。アガシは後年、種は固定であるという認識を多少ゆるめているのだが、それはアガシが考えるところの「先祖返り」(34)がありうるという意味だった。序列の最上位にいる生き物でさえ、その場所に固定されておらず、注意を怠れば階段から転落しうるのではないか。何らかの悪癖がしみつけば、種としての身体および認知の力が退化していくのではないか。

アガシはこのように、神聖なる書物という位置づけで、自然について語った。きちんと好奇心をもって調べる人間にとっては、つまらないナメクジやタンポポであっても、魂と倫理の道筋を教えてくれる存在なのだ。そこに見えるメッセージをすべて集めれば、アガシいわく神聖な計画(35)の複雑かつ畏怖をかきたてる形が見えてくる。神が遠回しに説明している万物の意味が見えてくる。すべての生命体がどのように配列されているかわかるだけでなく、高みに至るためのロードマップもわかる。高尚な存在でいるためには何をせねばならないのか、何をしてはならないのか、道徳律がはっきりする。

「〔夏の〕やわらかな空気の中、ツバメたちが建物から出入りしていた。そこがもはや納屋ではなく、ある種の神殿であることを知らずに」(36)と、デイヴィッド・スター・ジョーダンの自伝には書かれている(アガシの演説を説明できない状態は抜けたらしい)。

アガシは黒板に白いチョークをめりこませるようにして、こう書いた。「研究所は聖域である。いかなる冒涜も許されない」(37)

スピーチのしめくくりとして、若者たちに頭《こうべ》を垂れて祈るよう求めた。今から始まる夏がどれほど重大なものであるかを考えて静かに祈るのだ。ホイッティアの詩によれば、鳥たちですら、アガシの指示に従った。

納屋に「厳粛な静寂」(38)が広がると、アガシは、島での時間を真剣に受け止めない者は帰宅させると警告した。

★★★

私の想像の中でのデイヴィッドは、その夜、眠れずに寝台に横たわり、天井を見上げながら、自分の世界ががらりと変わったという思いをかみしめた。彼の探究に少しも感心しなかった母、同級生、同僚たちを納得させる言葉が、ついに聞けたのだ。

草花を摘んで調べるというデイヴィッドの活動は、「無意味」でも「無駄」でもなければ、「ごくつぶし」のすることでもなかった。アガシの定義を借りれば、それは「序列の最上位にいる者が行う布教活動」(39)だ。神の計画と命の意味を明らかにし、願わくは、より優れた社会を築く道を解き明かさんとする仕事なのだ。

私が思い描くデイヴィッドは、息を殺し、高揚感を抱き、目を天井に向けたまま、天井の垂木に使われている木材を特定する試み――マツなのか？　スギなのか？　それともナラの木なのか？――すらも非常に意義ある仕事なのだという思いをかみしめていた。子ども時代のあらゆる記憶がよみがえってくる。くらくらして、心臓も高鳴っていたに違いない……おそらくそのせいで、彼には衣擦れの音が聞こえなかったのではないだろうか。

薄い帆布を挟んだほんの数センチ向こうで女性たちが動く物音だ(40)。その瞬間にも赤褐色の髪の女性が服を脱ぎ、シーツにもぐりこんだのかもしれない。肌に触れるシーツが立てるひそやかな音が、仕切りの向こうで寝ている男性たちの何人かを刺激したのだろう。何人かがふざけて、枕を毛布にくるみ、そのかたまりを天井の垂木――デイヴィッドがまだ種類を特定していない木材の――ごしに投げ込んだ。女性たちは悲鳴や怒りの声をあげた。翌朝に起きたことを、デイヴィッドはこう書いている。

「アガシは断固とした態度だった。朝食の席で立ち上がり、男性6人（名前を挙げた）は10時の船で去るようにと告げた。言い訳の声があちこちからあがる。『女性たちは気にしてなかった』とか、『単なる学生らしい悪ふざけで、重大なことではなかった』などと。しかしアガシは揺らがなかった。われわれはまじめな目的のためにここにいる、と彼は言った。『悪ふざけ』のための場所でも時間でもないのだ、と」(41)

6人が船に乗って不名誉な帰路についた少しあとに、デイヴィッドは腕いっぱいの網を抱えて小型のスクーナー船に乗り込んだ。初日の朝、海岸で岩を調べている様子がアガシの目に留まり、初回の採集活動に加わる少数メンバーに選ばれたのだ。

「これが私にとって海の魚との初邂逅《かいこう》だった」(42)とデイヴィッドは語る。「途方に暮れるほど多種多様な魚たちと出会った」。網にかかって跳ね回る生き物たちの名前を、デイヴィッドは1つも書いていない。このときはまだ、魚たちは彼にとってミステリアスな存在だったからだ。うろこをまとってきらきら光る生き物は、彼が生涯をかけて解き明かそうと試みる謎の入り口だった。

第3章

神なき幕間劇

A Godless Interlude

マサチューセッツ州東端に位置する半島、ケープコッドの土壌には、人の実存に変容をもたらす力があるのかもしれない。霊的な転換を促す金属か何かが土に含まれているのかもしれない――いや、知らないけど。

私が知っているのは、私自身の世界観も、この海岸近くを訪れた経験を境にがらりと変わったということだ。7歳くらいだった。おかしな話だけれど、私がデイヴィッド・スター・ジョーダンという人物に固執し、迷走する私の人生に彼がアドバイスをくれると思うようになったのも、このときに布石が打たれた気がしている。

あれはまだ夏の初めだった。朝の早い時間だった。ペニキース島からほんの50マイル（約80キロ）、カラスなら飛んで移動する距離にある観光地、ケープコッドのウェルフリートで、家族と一緒に休暇を過ごしていた。

私は父と一緒にベランダに出て、不格好な黒い双眼鏡を交互に使いながら、目の前に広がる黄色と緑の沼地に目を凝らしていた。遠くに何か白い点が見えたので、よく見ようとしていたのだ。父は背が高く、口ひげをたくわえていて、この頃は真っ黒の髪がたてがみのようだった。ひざ丈にカットオフしたジーンズに、上半身ははだか。愛嬌のあるおなかにほわほわと毛が生えていて、だいたいいつもカラフルな糸くずが毛に巻き付いていた。

ほかの家族――母と、姉2人と、猫たち――は、まだ眠っていた。

私は双眼鏡の焦点をうまく合わせられず、父に返した。そして、生い茂った葦に埋もれる白い点を見続けた。あれは白鳥だろうか。それとも浮きだろうか。何かもっと面白いものだろうか。そんなことを考えながら、きっかけが何だったか思い出せないけれど、私は父に問いかけた。

「人生の意味って何？」

沼地があまりにも広かったせいかもしれない。沼のおしまいは海につながっている。海のおしまいは……どこなんだろう。海の終点を思い浮かべる。ヨットが次々と端から転落していく。そんなふうに想像していたら、急に、私たちがみんなここからどこへ向かうのか不思議になったのだ。

父は一瞬、黙って双眼鏡を目にあてたまま、黒い眉毛を片方だけ上げた。それから私のほうを向き、ニヤリと笑い、宣言した。「ないよ」

まるで、私が生まれてからずっと、父は私がこの質問をするのを待ちわびていたかのようだった。人生の意味は何もない、と父は私に告げた。

意味などはない。神などいない。何らかの形でおまえを見ている存在も、守っている存在もいない。死後の世界もない。運命もない。計画もない。あると言ってくる人を信じてはいけない。そういうのは全部、人間が安心するためにでっちあげたものだ。すべてのものに意味がなく、自分の存在にも意味がないと思うのが不安だから、でっちあげるのだ。だけど真実はこうだ。どんなものも意味はない。**自分の存在に何も意味はない**《ユー・ドント・マター》。

そう言って、父は私の頭をぽんぽんと叩いた。

そのときの私がどんな表情をしていたか、まったく想像もつかない。青ざめていたのだろうか。世界にふんわりかかっていた大きな羽毛布団がいきなり剝ぎ取られたようだった。人間を支配するのは、たった1つ、カオスなんだよ——父はそう言った。でっかいぐるぐるのぐちゃぐちゃが、偶然に人間を作り、そしてあっというまに人間を破壊する。カオスは人間のことを気にもしていない。私たちが何を夢見ようと、何を意図しようと、どんなに高潔な行動をしようと、知ったことではない。

ベランダのすぐ下、落ちた松葉でいっぱいの地面を指して、父は「いいか、よく覚えておくんだぞ」と言った。「どんなに自分が特別に思えたとしても、本当のところは、おまえはアリ1匹と変わりはない。アリよりちょっと大きいかもしれないが、アリより大事ってわけじゃない」。そこで一度黙り、脳内で連鎖の地図を整理したのか、言葉を続けた。「おまえが土壌に空気を送り込んでるなら、話は別だ。おまえが木っ端を食べて分解のプロセスを進めているなら、話は別だ。そうなのか?」

私は首を振った。

「じゃあ、おまえは地球にとって間違いなく意味のない存在だ。アリよりも大事じゃない」

それから、ポイントをはっきりさせるために、父は両腕を大きく広げた。私はそれがハグのポーズだと思ったけれど――「冗談だよ、おまえは大事な存在だ!」と言うための――そうではなかった。「想像してみろ。これが時間だ。時間の全部だ」と父は言い、胸の前で作った目に見えない時間の帯に触れてみせた。「人間が存在してるのは、ほんのこれくらいだ」。「これ」のところで、芝居がかったしぐさで、指先でちょっとの空間をつまむ。「で、おそらくあっという間に消える。地球から離れて遠くから眺めたら、どう見えると思う?」。軽い舌打ち。「完全にゼロだよ。惑星の時間なら、あると言える。太陽系の時間もあるな。だけどそれくらいだ」

このときの父が完全に同じ言葉を使ったかどうかは思い出せないのだけれど、20年ほどあとに天文学者ニール・ドグラース・タイソンの有名な台詞「われわれは、ちっぽけなしみの上のしみの上のしみだ」[1]を知ったとき、私には父の声が聞こえたようだった。

7歳だった私は、胸の奥に渦巻き始めた冷たい感覚を表現する言葉をもたなかった。「じゃあ、いろんなことは何の意味があるの？　学校は何のために行くの？　何の意味があってマカロニを紙にくっつけるの？」などという質問はできなかった〔訳注：乾いたマカロニを並べたり紙に貼ったりする子どもの遊びのこと〕。

それからの私はひそかに父の行動を観察して、答えを探すようになった。

父は人生を満喫する人だ。生化学者で、不器用な手でイオンの研究をする（心臓が脈打つのも、雷が起きるのも、脳が思考をするのも、生命のすべてのことは電気を帯びたイオンのおかげだ）。父はシートベルトをしない。手紙に差出人の住所を書かない。遊泳禁止の場所で泳ぐ。実験室で服のそでが試験管に触れて倒してしまったことが何回か続いたときには、帰宅後、もうそでなんか二度と見たくもないと宣言した。ハサミを手に自分のクローゼットに突進し、それからの数年は、「学者風の海賊」と言えなくもないような服装で仕事に出かけていた。

父は家族の愛犬を溺愛している（ちっとも言うことを聞かないイヌなのに）。料理をするときはレシピに従わない。実験で使った生き物を調理して味見をしたがる。カエルの脚や、シビレエイの内臓。マウスの肝臓を持ってきたときは母に断固として拒否され、そのべたついた紙袋の中身をフライにするために私の台所を使うことは許さない、と宣言されていた。

父方の祖母が住む老人ホームに私が父と一緒に行ったとき、車椅子の老婦人がうっかり私たちの前につっこんできたことがあった。父は「暴走族だ！」と叫び、床に倒れ、まるで婦人が父に衝突したとほのめかすかのように、身体をよじって苦しい顔を作った。私のほうが身がすくむ思いだった。恥ずかしかった。父が、このかわいそうなおばあさんを文字通り死ぬほど怖がらせてしまうと思った。

けれど、婦人が目をきらきら輝かせ、顔いっぱいに笑みを広げるのを見て、このジョークは彼女にとって大丈夫なのだとわかった。彼女はジョークに飢えていた。ジョークの通じる人間として扱われることを切望していたのだ。

「人間の存在に意味なんかない」「だから好きに生きろ」という信念は、父の一挙手一投足に浸透していたように思う。何年もバイクに乗り続けた。ビールは浴びるほどに飲んだ。水辺にいようものなら、隙あらば盛大な腹打ち飛び込みを披露する。したいことは決してあきらめないくせに、1つだけ自分に矛盾を許していた。人間の存在に意味はないと思っているのに、他人のことを意味がある大事な存在として扱うのだ。

たとえば50年間ほぼ毎朝、自分の妻のためにコーヒーを淹れている。教え子たちには熱心に向き合い、クリスマスの食事に呼んだり、ときには家に泊まらせたりもする。姉たちと私の勉強を見るための努力も惜しまなかった。台所のテーブルに刻まれてしまった無数の小さな数字の跡は、父が私たちに算数の面白さを教えようと試みた数えきれないほどの夜の記録だ。

存在の意味に関する情け容赦のない真理は、むしろ、父の人生を活力あふれるものにしていた。大胆で充実した生き方を叶えていた。ニヒルで、道化を気取るかのような父の足取りを、私はずっと追い続けている。人生の無意味さと向き合い、無意味だからこそ得られる幸せを手探りしている。

けれど、私がつねにそれをうまくやっていたかというと、決してそうではない。「存在に意味などない」「大事ではない」という真理は、私には違う解釈でのしかかってくることのほうが多かった。

そんなに眉を顰《ひそ》めないで読んでほしい。19世紀の作家アルベール・カミュに言わせれば、多くの人は自分が生きるに値しないと考えて、「いち抜けた」をする道について思いをめぐらせている。[2] 苦しみから永久に逃れられる方法がとてつもなく麗しく思える心理を、18世紀の詩人ウィリアム・クーパーも「絶大な誘惑」[3] と表現した。

私の中で、その絶大な誘惑が生まれたのは、5年生のときだった。一番上の姉が高校でひどいいじめに遭い、中退せざるを得なくなった頃だ。私の大事な姉は父譲りの黒髪で、黒い目に茶色の縁のめがねをかけ、よく笑う口元に歯列矯正のワイヤーがぴかぴかしていた。心配性で、社交辞令を読み取るのが苦手で、ストレスを感じると両手を落ち着きなく動かし、まつ毛と眉毛を抜く。そういう姉を執拗にからかい、好きにさせておこうとしないクラスメイトたちのことを、私は憎んだ。姉が廊下を歩いていても、姉をかばおうとする視線にただの1つも出会えない光景を思い浮かべると、はらわたが煮えくりかえる思いだった。もう姉のことなど考えたくないと思うときもあった。

私自身は、おそらく父がそうしているように、自然の中に楽しみを探そうとした。泥を

★　★　★

これね、ホタルを探し、川にダムを作る。雨水をばっちり貯められるダムを作るのがどんなに楽しかったか！　すごくいい感じに水をせきとめられて、そのダムにアヒルが入ってくれたこともある。

けれど中学に入ってからは、廊下の光景が私にも始まった。ワークパンツを穿いていれば、男子にパンツの横のハンマーループを引っ張られ、「ハンマーはどこだよ？」とからかわれた。私の野球帽のかぶり方が深すぎたらしく、まねをして笑われた。「ジェリー」という名前で呼ばれたけれど、理由はわからなかった。9年生のとき、男子が何人か固まっている横を通ったら、「7！」と叫ばれた。通り過ぎる女子の採点をしているのは間違いない。10点中7点なら、悪くないんじゃない？　そう思ったのだけれど、あとになって、その数字は「あいつとヤるなら、ビールを何本飲む必要があるか」という数字だったことがわかった。7本はあおらなければ無理、つまり手を出す価値なんかないという意味だ。

もっと勇気のある女の子なら、もっとしっかりした子なら、男子のことなんて笑い飛ばせるだろうというのはわかっていた。こんなの小さな問題だというのもわかっていた。でも私には、よりどころになるものが何もなかった。何か、まっすぐ立っているための背骨のようなもの。自分の内側を手探りしても、骨どころか、触れるのはさらさらした砂ばかり。

姉の状況も悪くなる一方だった。コミュニティカレッジに進学したものの、寮で同室になった子と衝突し、結局は実家に戻ってきた。学位はとれたけれど、仕事がどうしても続かない。店で働こうにも、レジの扱いで慌てすぎる。図書館で働こうにも、お喋りをしすぎる。姉が帰宅するたび、母は心配し、父は失望した。そして寝室の扉の向こうからは姉の咆哮が聞こえてきた。孤独と涙の竜巻になった姿は想像するだけだったけれど、その後、まつ毛と眉毛がすっかり消えた顔で部屋から出てくる姉の様子は怖かった。顔が宇宙人のように見えたからではなくて、そういう強すぎる悲嘆が私の中にもあることを知っていたからだ。私の場合は皮膚に小さな傷を作ってまぎらわすことにしていた。それだけの違いだ。

父は私たち両方にうんざりしていたようだった。私たちが元気を出し、協力しあい、人生のよい面に目を向けて、この世にいる時間を楽しもうとする様子がないことをじれったく思っていた。父の研究室には机の後ろの壁に「このように見れば、生命とは壮麗である」という言葉が掲げてあった。茶色の飾り文字で書かれ、ニスを塗った木製の枠に収められたこの言葉は、『種の起源』の末尾の一節からの引用だ。ダーウィンなりの愛の言葉であり、神の奇跡のベールをはがしたことへの謝罪であり、そして彼の約束でもあった。生命は壮麗であり、自分がしっかり見ようとしさえすれば、それは見えてくるものなのだ、と。私にはこの言葉がしばしば叱責に思えていた。命の壮麗さがわからないのだとすれば、そう見ることのできない自分が悪いのだ。

父は気が緩んでいるとき、長い一日を終えたとき、ビールやバーボンを飲みすぎたときに、階段をどすどす上がってきて、おまえたちの泣き言にはもううんざりだと言ってくることもあった。父の基本ルール――他人を意味のある存在として扱う――を破って、部屋のドアをバーンと壁に叩きつけ、私たちをつかんでゆさぶり、一度か二度は手のひらの跡がつくほど強く姉をひっぱたいた。母は緊迫した空気の中で泣くばかりだった。

真ん中の姉は、一時期は家族の間を取り持とうとしていたけれど、当然ながらしだいに距離を置くようになった。私が10年生になる頃には、西アフリカのマリ共和国に留学してしまった。

この頃の私が感じていた、いるべき場所がない、という感覚は今でも覚えている。外の世界にあるのは、意地悪な廊下と、空虚な水平線だけ。そして内側の世界にあるのは、叩きつけられるドアだけ。

輝いてるものなんか何も見えない、と1999年4月8日、日曜日の日記に私は書いている。

16歳になりたてだった。翌日、学校が終わったあとにウォルグリーン［訳注：ドラッグストア］に行った。睡眠導入剤がわんさか並ぶ通路に進む。水色の箱、紺色の箱、紫の箱。どの箱も淡い白色の星がちりばめられ、快適な眠りを約束している。薄紫色の箱を2個買って、怪しまれないようにコートの下に隠して持ち帰った。

家に帰って夕食をとる頃には、気持ちはすっかり軽くなっていた。私は家族が寝静まるまで待った。寝るときには絶対けんかをしない父と母が、互いの腕の中で、眠りに落ちる。上の姉が、魚のようなまぶたをようやくやすらかに閉じて、眠りに落ちる。真ん中の姉は、アフリカの真ん中のどこかにあるホームステイ先の家、もっといい家族の住む家で、眠りに落ちる。白い小型犬のチャーリーが、眠りに落ちる。

私は忍び足で地下室に降りた。動物が死ぬときは狭い場所に身を隠すという話は、このときはまだ読んだことがなかった。ただ地下室がいいような気がしただけだ。プラスチックシートから錠剤を1つずつ、おごそかに取り出す。1分間に1個ずつ。無神論者であろうと儀式は好きなのだ。

まぶしい光で目が覚めた。視界に入ってきたのは屈辱の光景だった——看護師、病室の椅子に座る不安げな母、尻の下に敷かれた紙のシーツ、一面に発泡スチロール材のタイルを貼った天井。正方形の塩味クラッカーを並べたみたいな天井だな、と私は思った。「ストーンド・ウィート・シン」か、それとも「ソルティン」か［訳注：どちらもクラッカーの商品名］。

結局、1日しか経っていなかった。パキシル［訳注：抗うつ剤］を処方され——そんなものを飲むのは私のプライドに障った——学校の野外実習はリスクが高すぎるとみられて参加を禁じられた。私がしたことの噂は学校の廊下でひそかに広まった。

私はピンクのリップグロスを買い、ことさらに笑顔を作り、心の中では次回は絶対にちゃんとやると誓った。しだいに、睡眠薬よりもしっかり役目を果たしそうなものを夢想するようになった。文字通り一発で終わらせてくれるものとか。高校生活が終わる頃には、誘惑があまりにも強く、それ以外のことが考えられない日もあるくらいだった。

けれど、大学に入ってから、輝いているというのはこういうことかと悟るものが見つかった。

廊下ですれ違った、おかしなくせ毛と広い肩幅の彼。シナモンみたいな匂いで、テディベアみたいな茶色の目で、大学の即興劇団で活動している。劇団では彼が一番だった。大きなジェスチャーで、人を傷つけない奇抜なジョークを言い、この冷たく厳しい世界に笑いのさざ波を引き起こす。観覧席に座る私は驚嘆し続けた。こんな人がこの世にいるなんて信じられない思いだった。

そこから数年の時間がかかった。数年をかけてゆっくりと、共通の友人を通じて、私は彼と親しくなった。彼が出演する深夜ラジオのフリースタイル・ラップの番組に電話をかけまくり、私としてはだいぶ無理をして、即興ライムも披露した。同じ劇団にも入った。

そしてようやく、ある夜に、自分の気持ちを打ち明けた。てっきり盛大に引かれるものと思っていたけれど——かつての廊下の男子たちの態度を思えば、それが当然だと思った——彼は引きもせず、かわりに私にキスをした。

★ ★ ★

大学を卒業したあと、私たちは一緒にブルックリンの小さなアパートに引っ越した。外階段は立派で、中に入れば寝室は1つ、赤いフォーマイカ・テーブル［訳注：メラミン化粧板のテーブル］が1台。私は科学と不思議をテーマにしたラジオ番組の制作アシスタントの仕事をなんとかつかんだ。彼は喜劇役者の仕事を続け――スタンダップコメディや即興劇に出演したり、脚本を書いたり――生計を立てるためにタクシー運転手としても働いた。

私たちはよく一緒に夜更かしをして、階段に座ってビールを飲みながら、その日の出来事を語り合い、気まずかった場面ややらかした話をジョークに変えた。私は、かつての私にとっては存在しうると思えなかったもの――自分が安全でいられる場所を見つけた気がしていた。シナモンの匂いのする場所。くだらないダジャレとチープなラップが壁になって、世界の冷たさを遮ってくれる場所。

私の頭には未来のビジョンがあふれるようになった。2人で脚本を書くテレビ番組。2人で建てるツリーハウス。庭で2人の子どもを追いかけ回すときに、つま先がふみしめる芝生の様子……。そう思っていたのに、7年後、私自身がすべてをひっくり返してしまった。ある夜遅く、彼から500マイル離れたビーチにいたときに、月明かりと赤ワインと焚火の匂いに流されて、私はブロンドヘアのにこやかな女の子に近づいた。私がその晩ずっと目をあわさないように意識していた子だった。濡れた肌に鳥肌がたっていて、その肌を舌でやさしく落ち着かせてあげたかった。抱き寄せて首に唇を押し当てると、その子は笑った。星が私たちを包み込み、彼女の肌から上がる蒸気が私の蒸気と混ざり合った。

くせ毛の彼は、この話を打ち明けた私に、関係の終わりを告げた。

信じられなかった。2人で何年もかけて大切に築いてきたものを、私が一瞬で壊してしまうだなんて。どうか考え直してほしいと懇願した。あの子のことはその場限りの間違いで、同じことは二度としない、と断言した。けれど彼は、あまりにも怒っていた。あまりにも傷ついていた。そんな見境のない行動ができるような人間と一緒にいたいとは思えなかったのだ。

彼がいなくなり、世界は闇に戻った。共通の友人たちも、私がしたことを聞いて離れていった。起きたことを説明したくなくて、私は自分の家族も避けた。仕事も急につまらなくなった——一時期は、科学のストーリーを書くことに対して、あれほど喜びを感じて打ち込んでいたというのに。化学も神経学も昆虫学も、あらゆる分野が殺伐としたどうでもいいものになった。

しだいに、例の絶大な誘惑が、私の脳内にふたたび現れるようになった。手招きしている。美しい贈り物を差し出している。その誘惑に従えば、私は救済される。けれど、私の中のどこか深いところから——それが背骨なのか、それとも、妄想で歪んでしまった脳の片隅なのかはわからないけれど——別のプランも浮かび上がってきた。もしかしたら、私が本当に充分しっかり、充分長く悔やんだら、くせ毛の彼も私がどれほど申し訳なく思っているか理解して、もう一度私を受け入れてくれるかもしれない。だから私は自分の武器をつかんだ。例の武器ではなくて、ペンの力を。

彼に手紙を書いた。何通も。そして待った。祈った。2人のあいだだけで通用していたダサいジョークも入れた。2012年の元旦には「あけまして12歳！」とメールを送ってみた。返信はなし。1年が2年になり、2年が3年になっても、私は心配しないように努めた。窓の向こうで沈黙がごうごうと吹き荒れ、エントロピーのロングテールがうねっていたけれど、私は希望にしがみつき続けた。

デイヴィッド・スタージョーダンが私の関心を引いたのは、そういう状況だった。カオスに勝つのは不可能だとはっきり突きつけられていたにもかかわらず、それでもなお、カオスに縫い針を通すという作業をジョーダンに続けさせたものは何だったのか。

人間の都合など意にも介さない世界で、それでも希望を抱き続けるための何らかの技を、処方箋のようなものを、彼は見つけ出していたのではないか。なんといってもジョーダンは科学者だったのだから、彼がカオスに歯向かう辛抱強さ――そう呼ぶべきかどうかはともかく――を発揮した根拠は、父の世界観にわずかなりとも合致するところがきっとあるはずだ。

何の約束もされない世界で希望をもつにはどうしたらいいか、どん底の暗い日々でもつぶれずに進み続けるにはどうしたらいいか、彼は何か大事なものを解き明かしていたのかもしれない。

信仰をもたず、それでも何かを信じて生きていく方法が、この世にはあるのではないだろうか。

* * *

とはいえ、ペニキース島でのデイヴィッドの体験を読み、私は不安になり始めた。どん底の日々にあった彼の探索を照らしたのが神だったのだとしたら、私にとって参考になるものなんて、何もないのかもしれない。

手がかりが見つかったのは、彼がダーウィンについて語ったくだりだ。ペニキース島の自然史学校を修了したあと、デイヴィッドはウィスコンシン州の街アップルトンにある小さなプレップスクール〔訳注：大学進学を前提とした教育を行う学校〕で科学教師の仕事が決まった。(4)

幼かった頃は単なる風の噂だったダーウィンの進化論が、この頃には、まじめな科学者ならば必ず同意しなければならない力強い風に変わっていた。『種の起源』は異説が満載だった――地球上のすべての生命は「一種類の原始の形」(5)から進化したものであるとか、人間は今も進化を続けており、いつの日か絶滅する可能性もあるのだとか。しかし、分類学者にとっておそらくもっとも受け入れがたかったのは、種は固定ではない、という説だ。種は自然界の不変の分類ではないというのだ。

ダーウィンは、従来は1つの種だと思われていた生き物も多様であることをつきとめた。そう考えると、種を区別する厳密な線引きの感覚は、徐々に通用しなくなった。何よりも神聖な線引きとして、異なる種が交雑して子孫を作ることは不可能だと考えられていたが、これもたわごとであるとダーウィンは悟った。「種の交雑はつねに不稔」であるとか、「その不稔性は特別に与えられた資質であり創造のあかしである」とか、「そんな説を通し続けることには無理がある」[6]と『種の起源』で書いている。さらに、種——そして、分類学者たちが自然界で不変と信じていたさまざまな細かい階級（属、科、目、綱など）——は人間がこしらえたものだ、と宣言した。

命の流れは本当はずっと進化し続けているのに、人間にとっての「便宜上」[7]の区切りとして、便利だが恣意的な線を引いたにすぎないのだ。*Natura non facit saltum*「自然は飛躍せず」[8]。自然に境界線はない。固定された区切りはない。

想像してみてほしい。あなたが分類学者だったとしたら、これがどれくらい厄介なことか。あなたの研究対象はパズルを埋めるピースではなく、手がかりでも何でもなく、単なるランダム性の産物だったと知るのだ。神聖なる書物の1ページではない。聖なる暗号に含まれる符牒でもない。神が定めたはしごの一段でもない。落ち着きなく動き続けるカオスの一瞬を切り取ったスナップショットにすぎない。

この説はあまりにも不愉快だと感じる者もいた。こんな主張のせいで世界は価値を失い、自然界の探究も無意味になったからだ。

ルイ・アガシも、自身が死を迎えるまで、ダーウィンの説を断固として否定し続けた。この話題に反論する講義を積極的に行って、人間がサルから進化したという説は「ひどく不快」(9)だと語った。

けれど、アガシよりも若い世代で、まだマインドセットに可鍛性があったデイヴィッド・スター・ジョーダンは、最終的に、ひどく苦悶した末にではあるものの、この一点においては師アガシと決別する決心をしている。自然を入念に観察すればするほど、ダーウィンの考察を否定できないと思わざるを得なかったからだ。種と種のあいだには、はっきり区切れないあいまいな領域がある。不承不承ながら、デイヴィッドにもそれがわかり始めた。「ネコが男の子にしっぽをつかまれて絨毯の上をすすすとすべっていくように、私は進化論者のほうへ寄って行った」(10)と自伝では書いている。

このセリフ！　私はデイヴィッドが大好きになった。両腕で彼をぎゅっと抱きしめて、ほっぺにキスして、なんて勇敢なんでしょう、と言ってやりたかった。進化の衝撃的な真実を聞き入れ、それを踏まえて進んでいくことを選んだあなたはとってもいい人なのね、と言いたかった。

それはつまり、私が引き続き彼を人生のガイドとして参考にしても、もちろんかまわないという意味だ。縫い針という剣を振りかざす姿は無鉄砲に見えたかもしれないが、それも決してやぶれかぶれではなく、理性的な判断で地道な一振りを繰り出していたのだろう。自分のしてきたことが壊されたとしても、何もできず屈辱に甘んじるしかないとは考えなかったのだ。

もしかしたら、本当にもしかしたらだけれど、ジョーダンの自信過剰な足取りをたどっていくことで、私が光のほうへ、安全でいられる場所へ、どうにかもう一度戻れる道が見つかるかもしれない。私はそんなふうに思っていた。

第4章

尾を追いかけて

CHASING TAIL

それではミュージックビデオのスタートだ。まずは船乗りの歌の陽気なイントロ。そして現れるは腕まくりするデイヴィッド・スター・ジョーダン。カメラが引くと、彼が立つのは大きな帆船の甲板で、周囲には山高帽をかぶる男たちが10人ほど。彼らの手には釣り竿、槍、銛《もり》、トロール網など、魚を水の中から引きずり出す道具の数々。

ペニキース島の自然史学校を経て、生物採集はまじめな活動であるというアガシのお墨付きも得たデイヴィッドは、水の生き物にフォーカスを定めることにした。「魚類学の文献は不正確で不完全だった」(1)と彼は書いている。「比較研究もほとんどなく、この分野はまっさらなまま放置されているように見えた。実際にそうだった」

アメリカ中西部各地の学校から学校へ、勤務先を転々としながら、北米に生息する淡水魚をすべて発見するという目標を掲げて活動した。(2)助手として、コーネル大学時代の古い仲間、ハーバート・コープランドを選んだ。茶色のひげをもじゃもじゃに生やした筋骨たくましい男だ。2人はインディアナ州の州都インディアナポリスの安宿を拠点にした。(3)きっとバスルームの床までリンネの著書『自然の体系』の写しを盛大に散らかしていたはずだ——バスルームのついた部屋だったかどうかは確認できないけれど。当時は配管設備が行き渡っておらず、特にインディアナ州のような田舎ではところどころにあるにすぎなかった。

彼らは川へ行き、湖へ行き、さまざまな個体を釣り上げた。ヒゲのあるもの、鋭い歯のあるもの。ほとんどは藻とピクルスを混ぜたみたいなひどい臭いがした。やがて分類学研究の論文を発表し始め、種と種の新たな結びつきを紹介し、重複を排除していった。たとえば顔の先にホウキをくっつけたような姿で貪欲にほかの魚を捕食する〈イクタルルス・プンクタトゥス〉（アメリカナマズ）は、デイヴィッドいわく、過去の分類では「28回も新種として登場していた」[4]。

やがて政府が彼に着目し、一種の傭兵として雇うという旨の打診をしてきた。アメリカに生息する魚を1匹でも多く発見し、未知から既知へ引きずり出すという任務だ。そこでデイヴィッドは夏の休暇を使ってテキサスへ、ミシシッピへ、アイオワへ、ジョージアへ、テネシーへと飛び回った。新たな魚の種を発見し、その一つひとつにアメリカ国旗を立てた。

1880年には米国国勢調査局の任務として、太平洋沿岸に生息する魚類の目録づくりに派遣された[5]。このときはお気に入りの学生を1人伴っている。チャーリー・ギルバートという名前の「才気煥発《かんぱつ》な青年」[6]だ。彼らはサンディエゴからスタートし、アメリカの海の住民たちを探して海沿いの行軍を進めた。

波のあいだに見つかる「脂の乗った」「財宝たち」に、デイヴィッドはうっとりと心を奪われた。「体重は600ポンド（約270キロ）に達する」クロマグロ。「長い帯のような胸ビレ」が特徴的なビンナガマグロ。カリフォルニアで見つけたトビウオは、「翼」を「トンボのように」ふるわせて「最大8分の1マイル（約200メートル）」も飛翔する。1日ごと、1マイル進むごとに、未知の存在を、まだ名前をもたない生き物を、科学の記録に痕跡をもたない者たちを、デイヴィッドとチャーリーは数多く手中に収めていった。腹に発光する斑点のある小さなハダカイワシが、「嵐の中、海底から泳ぎあがってきた」(7)こともある。ビンナガの腹の中に見つけたメルルーサ〔訳注：タラの仲間〕の腹の中に、虹色のうろこをもつちっぽけな魚を見つけたこともある。黄色の縞《しま》が入った深紅の魚には「スペイン国旗」(8)とあだ名をつけた。

彼らは数か月ほどその作業に没頭した。クリスマスにはサンディエゴにいて、旧正月にはサンタバーバラにいた。3月にはモントレーあたりの半島を調べていた。デイヴィッドは魚に集中しようとしていたが、植物にも目移りしていた。通り過ぎた木々の学名をいちいち指摘せずにはいられない。あれは〈カプレッスス・マクロカルパ〉（モントレーイトスギ）。これは〈ピヌス・ラジアタ〉（モントレーマツ）。

それから目にした生命体ほぼすべてについて細かく順位を判断した。ユーラカン（ロウソクウオ）は「あらゆる魚の中で最も美味」。[9] シルバーメープル（ギンヨウカエデ）は「二流の緑陰樹」。[10] ヌタウナギは生き様から言って仲間の中でも最底辺だ――獲物にとびかかり、はらわたを引きずり出して食べる。この「悪癖」をもつ生き物は、粘着物質で覆われた「海賊」[11]だ。

師アガシの永遠の弟子として、デイヴィッドは出会った生命体が教えているであろう道徳規範を調べた。アガシが曖昧に掲げていた「先祖返り」の着想を、デイヴィッドはダーウィンの進化論と組み合わせたマッシュアップとして引き継いだ。たとえば彼の目から見る限り、長細いヌタウナギは、「悪癖」が種を後退させる、つまり「悪いほうへ変化させる」[12]という証拠だ。論文では、ホヤ――岩などに固着し水中の有機物を濾《こ》して食べる袋状の生き物――はかつて高等な魚だったという説も提示した。ホヤは「怠惰」な性格で、しかも「動かずに依存して」生きる性質のせいで、現在の形態へ「退化」[13]したのだ、と。そのような変化が起きる正確なメカニズムは彼にもわからなかったが、ホヤが警告であることは間違いなかった。怠惰を戒める象徴。文字通りの「悲しきずだ袋」だ［訳注：被嚢《ひのう》動物（脊索《せきさく》動物門尾索動物亜門の旧称）であるホヤの「嚢（sac）」と、「のろまなやつ、どじ」という意味になる「悲しきずだ袋（sad sack）」という表現をかけている］。

チャーリーとともに海岸沿いを入念に探索しつつ北上していく過程で、デイヴィッドは魚類の多様な捕獲方法を習得した。サンディエゴにいた中国人の漁師たちは、目の細かい網を使って魚をごっそり手繰り寄せていた。[14] サンタバーバラにいたポルトガル人の漁師たちは、岩の上に立ち、先端が3本に分かれた槍を波間に投げていた。[15] それからカモメやペリカンは、うらやましいほどの正確さで、水中にもぐってエサをつかまえる。

デイヴィッドはこうした手法を採用できるときには自分も採用した。自分でつかまえられないときには他人の獲物をかすめとった。中国人街の魚市場に行って、科学界に知られていない生き物の数々を買ってくる。鳥やサメの腹を開いて、胃の中に、デイヴィッドの手をすりぬけた生き物たちを探す。

この沿岸採集旅行の片道1回だけで、2人は80を超える魚に名前をつけた。[16] 系統樹の枝が新たに80本、姿を現したというわけだ。80の新種が、デイヴィッドたちの舌先から転がり出す言葉によって、この世に存在を与えられた。〈ミクトフム・クレヌラレ〉。〈スディス・リンゲンス〉。〈セバスティクティス・ルブリウィンクトゥス〉。（訳者脚注1）

8か月後、デイヴィッドは長旅の末にインディアナ州に戻った。今度はブルーミントンという街に落ち着き、インディアナ大学の科学教授として、ようやく正規雇用の仕事を確保した。さらに同じ頃、就職よりはるかに難しいと昔は思っていた偉業を達成する。結婚したのだ！　相手はペニキース島で知り合った赤褐色の髪の植物学者、スーザン・ボウェン。マサチューセッツ州の緑深きバークシャー地方に住んでいたが、デイヴィッドに説得されてインディアナ州に移り住んだ。

転居はスーザンにとって不安だった。インディアナ州は、いかにも野蛮な西部《ワイルド・ウェスト》だ。未開だし、実家の家族からは遠いし、荒れた土地柄に思える。それでも彼女はデイヴィッドを愛していたし、デイヴィッドが世界を愛する様子を愛していた。結婚後しばらくして2人は次々に子どもをもうけている。1番目の子の名前はエディス、2番目はハロルド、3番目はソーラ。

デイヴィッドがインディアナ大学で教壇に立つようになってからわずか6年後、34歳のときに、大学理事会は彼に学長就任を依頼した。(17) デイヴィッドはこれを受け入れ、国内で最年少の大学学長となった。(18) まさにこの頃から、彼は口ひげ——鼻孔の下に力強く広がる牙のような——を生やし始めている。

もちろん憶測するしかないのだけれど、人間の世界では世間の眼中に入らず、その探求心を笑われ、ときにはいじめの標的にすらなっていた人物が、どうやってこれほど一気に高い地位にのぼりつめていったのだろう。私の想像の中で、内向的でおとなしく、退屈で陰気だった青年は、気づかれぬうちにゆっくりと雰囲気が変わっていった。明るく輝かしい何か——使命《パーパス》とでも言うようなものをまとうようになっていった。使命感を抱いているかどうかで、人の人生は変わるのだ。

[訳者脚注1]

学名はのちに再検討・整理され、別の名前が学名として有効になる場合がある。同じ種に複数の名前があることを「シノニム」（同物異名）という。

ジョーダンが〈ミクトフム・クレヌラレ〉*Myctophum crenulare* と名付けた魚も、その名前はシノニムの1つとなった。現在の有効名は *Tarletonbeania crenularis*（ハダカイワシ科ホクヨウハダカ属の魚）。

〈スディス・リンゲンス〉*Sudis ringens* の有効名は *Lestidiops ringens*（キタナメハダカ）。

〈セバスティクティス・ルブリウィンクトゥス〉*Sebastichthys rubrivinctus* の有効名は *Sebastes rubrivinctus*（シマメヌケ）。

ダーウィンによって神の存在が剝ぎ取られたとはいえ、デイヴィッドは、自身の使命から気高さや高潔さが薄れたとはみじんも思っていなかった。この探究は引き続き生命のはしごを明らかにする仕事だ。

あらゆる動物と植物がどのように配列されているかを解明するのだ。

神がそんな配列を作ったとは考えていない。時間の流れによってそうした配列になっていったのだということは、デイヴィッドも理解していた。そうだとしても、はしごが教えてくれるであろう秘密の重大性が薄れたわけではないし、明るみに出る事実が減るわけでもない。解剖と観察によって真の創造の物語を見つけ出すのだ。そうすれば、命に対するどのような工夫を経て人間が作られていったのかがわかる。しかも、ほかの生き物の偶然的な失敗や成功に刻まれた手がかりを発見していけば、われら人間という生物が今よりさらに進化していく方法も見つかるかもしれない。

デイヴィッドの発想は、指揮を執る創造主の存在を認めないだけで、アガシが掲げた使命と本質的に同じだった。

デイヴィッドはその使命に邁進《まいしん》した。頼れる部下の分類学者たちの力を借りて、命名が追いつかないほどの勢いで魚を発見していった。つかまえた魚はエタノールを満たした瓶に収め、大学理科棟の最上階に構えた研究室の棚に並べた。何千種類ものミステリアスな生き物たちが高く積み上げられ、聖なる命名儀式を待っていた。

だが、それは1883年7月のある夜までのこと。宇宙が指の関節をポキッと鳴らして――大気中に隠れている小さなイオンの塊がはじけて――稲妻を走らせ、電線を直撃した。火花が飛び、デイヴィッドの研究室の真下の部屋に舞い込んで、数枚の紙に火をつけた。炎はさらに多くの紙を燃やし、そして壁に移り、最終的にデイヴィッドの大切な瓶を収めた棚へ立ちのぼっていく。エタノールは、万物を腐らせる宇宙の試みを食い止めるという点ですばらしい力を発揮するけれど、その一方で炎とは友達だ。瓶は次々と、まるで小さな爆弾のように爆発していく。魚たちは蒸気と化した。まだ名づけられていなかった生き物たち、二度と発見できないかもしれない魚たちが燃え、保管していた標本は一つ残らず台無しになった。

それだけではない。デイヴィッドがひそかに作成を進めていた系統樹の文書も、炎の魔の手をまぬがれなかった。それまで知られていなかった生命の木の枝の広がりを明らかにする、宝の地図だ。入念な書き込みが構成する巨大なシャンデリアのような図が、生命に関する洞察を示し、進化のつながりを説明していくはずだった。

当時の報道は彼の悲嘆にまったくと言っていいほど触れていない。『ブルーミントン・テレフォン』紙の記者は「1時間の延焼で、彼のライフワークがほぼ無と化した」[19]と書いた程度だ。

しかし、デイヴィッド・スター・ジョーダンは、この壊滅的な状況で呆然と立ち尽くしたりはしなかった。灰を片付けると、すぐに国内の水辺へ戻り、焼失したものを取り戻しにかかった。失った時間をくよくよ考えたりはしなかった。自分がやろうとしていること、すなわち、カオスが支配する世界に秩序をもたらそうとする試みがどうやら完全に無駄であるとも、考えなかった。

本人は、この過酷な試練全体から1つだけ教訓を学んだ、と主張している。その教訓は何だったか――分をわきまえること？　もう少しハードルの低い目標を立てること？　たとえば「北米の淡水魚をすべて目録にする」程度の目標にしておくとか？　デイヴィッドの答えはこうだ。「ただちに発表する」[20]。なるほど。むしろハードルは高く、というわけですか。

私生活が悲劇に襲われたときにも、彼は同じような反応をしている。火災事故からほんの2年後の11月に、妻のスーザンが病気で倒れたのだ。咳き込み、高熱が出て、赤褐色の髪は汗でぐっしょりになった。そして数日後には息を引き取る。長女のエディスの説明によれば、「田舎の医者たちには治せない」[21]肺炎に命を奪われたのだった。

デイヴィッドの行動はこのときも早かった。スーザンの棺一面を覆う超特大の白菊のアレンジメントを注文している。葬儀では朗々と弔辞も述べた。妻と自分が分類学を愛したこと、ペニキース島の海岸で夜の散歩をしたことを振り返っている。「海水は、そこに棲む微小な生き物を映した星のような光を放っていた」。[22]有意義な使命の途中で不幸にも犠牲になったと語ることをスーザン自身も喜んだだろう、と彼は自伝で結論づけている。

その後、魚に対してもそうだったように、彼はすぐに狩場へ戻った。失ったものを取り戻すのだ。スーザンの死から2年もたたないうちに、新たな妻を迎えている。名前はジェシー・ナイト。当時は大学の2年生だったジェシーは、多くの面で、デイヴィッドにとってスーザンのアップグレード版だった。スーザンはデイヴィッドの頻繁な採集旅行が不満で、寂しさを訴え、夫と家族が離れて過ごす時間が長すぎていやだと書き送っていたのだが、[23]その点でジェシーは違った。むしろ同行させてほしいとせがむのだ。

若くエネルギッシュな彼女の瞳はデイヴィッドをすっかり虜にした。妻の「黒曜石のように黒い」[24]瞳を覗き込みながら、彼女の遺伝的過去にひそむ遠い人影を探した。彼女の祖先は、もしかしたら「スペインからの流浪の民」だったのではないか（数年後に書いた詩では、「妖術」の使い手だったか、「たとえばブラジルから来た女性」がルーツだったのか、と想像をめぐらせている）。

遺伝とは世界を見るレンズだと彼は考えるようになっていた。魚類観察によって解明しようとしていたのはまさにそういうことだ。祖先からどのような特徴を受け継いでいるのか。身体的特徴は進化の関係についてどんな手がかりを教えているのか。対象が人間であっても、同じような見方をせずにはいられなかったらしい。

18歳のジェシーは、ブルーミントンに来てすぐに、前妻の子のうち上2人を寄宿舎のある学校に放り込んだ。当時10歳だった長女エディスは、この件について継母を生涯許せなかったという。エディスが晩年に手書きで残した回想録には、「彼女を絶対に母親とは呼ばないと心に誓った」[25]と書いている。末っ子の幼いソーラが継母の手をわずらわせることはなかった。生みの母が死んだ少しあとに、名前のない病気でこの世を去っていたからだ。

一気に子どものいない家になったので、ジェシーは何のしがらみもなく夫の採集旅行に同行できることになった。写真に写る彼女は、頭にボンネット帽をかぶり、めがねをかけ、遠慮がちな微笑を浮かべている。デイヴィッドの描写では、彼が魚をつかまえているあいだ、彼女はそばの木にもたれて本を読むなどしていた。「妻の同行が私にとってどれほど意味があったかはおわかりいただけるだろう」[26]と自伝で吐露している。

★　★　★

稲妻とスーザンの死、その両方からすみやかに立ち直った経緯について、本人は、「楽観主義という盾《シールド》」[27]を身につけたと説明している。彼の推測では身長の高さも関係していた。アメリカ人の平均身長が5フィート6インチ程度（約167センチ）だった時代に、6フィート2インチ（約188センチ）[28]に達していたデイヴィッドは、途方もないのっぽだった。

この身長のせいだったかどうかはともかく、確かに彼は挫折にも平然としている印象を周囲に与えていたようだ。よくないことが起きた日にも「鼻歌を歌いながらアーケードを歩く」[29]デイヴィッドの姿が視界に入る、と同僚の1人が評したことがあった。

本人は、「私は、不運な出来事のことは、過ぎてしまえば思い煩ったりしない」[30]と述べている。肩をすくめる様子が目に浮かぶようだ。

やがて、カリフォルニアに住む裕福な夫婦が、デイヴィッド・スター・ジョーダンの評判を聞きつけた。何百件もの科学的発見が、1人の楽観的で向こう見ずなのっぽの男の手によるものらしい、と。夫婦の名前はスタンフォードといった。夫がリーランド・スタンフォード、妻がジェーン・スタンフォードだ。1890年のある日、夫婦はブルーミントンまではるばる足を運び、自分たちがパロアルトの農地に立ち上げるささやかな学術機関の初代学長になってほしいとデイヴィッドに求めた。

デイヴィッドはこのオファーに興味を引かれた。給料も手厚いし、パロアルトは気候もいい。太平洋を泳ぐお宝たちとの再会も叶いそうだ。唯一ためらう要因は、スタンフォード夫妻その人たちだった。リーランド・スタンフォードは共和党所属の上院議員で、悪徳資本家というのがもっぱらの噂だ。妻のジェーンは正規の教育をほとんど受けておらず、亡くした息子に会おうと霊媒師のもとへ通う様子を目撃されている。

彼らの申し出を受けたら、デイヴィッドから見て道徳的にも知的にも劣った人間のヒモになった気持ちがするのではないだろうか。彼らの気まぐれに振り回される駒になってしまうのではないか。

だが……気候の件は大きい。給料の件も大きい。こうして1891年、デイヴィッドはスタンフォード大学の初代学長として宣誓就任をした。40歳になったばかりだった。

★
★
★

パロアルトに着いてしまえば、スタンフォード夫妻の出どころのあやしい財産は、いともたやすくデイヴィッドが望むままに使わせることができるとわかった。彼はただちに、モントレー半島先端に新しく立派な施設を建てた。「ホプキンズ海洋研究所」という名前だ。アガシがペニキース島に作った自然史学校に倣って、自然の直接観察を行う場所にした。壁よりも窓の数のほうが多く、教室内には配管を使って海水をダイレクトに引き込んだ。(31)

それから大学時代の友人や元教え子などを大勢採用して、理系の教員枠をごっそり埋めた。元「才気煥発な青年」、いまや「頭脳明晰な分類学者」(32)となったチャーリー・ギルバートを、動物学部の学部長に指名している。また、火災後に新たにそろえた標本コレクションの大半もパロアルトに送らせて――冠雪した山々を抜けて走る列車の中で、瓶と瓶がガチャガチャいい、瓶の中で魚の目玉がぐるぐるまわっていたに違いない――キャンパス内で一番頑丈な建物を専用の保管場所としてあつらえた。壁はしっかりした砂岩づくり、廊下は広々、屋根は耐火性のある瓦葺き。正面に回ると、メインの入り口前に大理石の像がある。ぐるりとゆたかなあごひげを生やし、たくましい胸板で、片手に本をもった有名な博物学者の像。誰だか想像がつくだろうか。

もちろん、ルイ・アガシだ。

アガシの像を建てるというのは、実のところスタンフォード夫妻の発案だった――夫妻は昔からアガシの教育理念に傾倒していたからだ――が、デイヴィッドは喜んだ。像の製作が発注された時点で、アガシに対する世間のイメージは決してきれいなものではなかった。アガシは進化論を受け入れなかった（それは科学者として汚点と認識されるようになっていた）だけでなく、自然の階層に関する信念を根拠に、科学史の中でも群を抜いて悪意に満ちた破壊的な説を追究するようになったからだ。

アガシは、自身がこの世を去る日まで、アメリカでもっとも声高な多起源論者の1人だった。

多起源論（多元論）とは、いわゆる「人種（race）」は生物としての「種（species）」の違いだ、と信じる考え方のことだ。特に黒人を下位の人間であるとみなしていた。アガシは積極的に、断固として、この説を説いて回った。南北戦争中にリンカーン政権から意見を求められたときには、黒人を解放するなら白人とは分離すべきである、と述べている。黒人が白人と交ざって平和的に生きていくことは絶対にあり得ないから、という理由だ。

くだらない尺度と、架空の階層を根拠にしながら、黒人は生物学的に「(文明に対して)不適合」だとアガシは主張した。彼らが悪いわけではない、単純な科学的事実だ、と。黒人はあまりにも「子どもじみて」いて、「感覚的」で、生来「ふざけて」ばかりいる。[33]生命の不変のはしごにおいて、彼らは相当に位置が低いのだ。

アガシが歴史に刻んだこのような汚点を、しかし、デイヴィッドは意に介さなかったらしい。自分の「(科学の)聖域」の入り口にアガシの像が建つのは喜ばしいことだった。アガシがダーウィンを拒絶したことは許すと述べている。「「アガシは」私たちに、自分の頭で考えるよう教えた」[34]のだから、という理屈だ。

特定の人間は生物学的に劣等であるというアガシの発想に、デイヴィッド自身が影響を受けたかもしれないとは、考えもしていなかったらしい。デイヴィッドは、兄ルーファスの遺志を継いで、昔から奴隷廃止論者だった。おそらくその一点の理由において、自分は影響を受けないと思っていたのかもしれない。

デイヴィッドとジェシーは、この研究棟からほんの少しの距離に小さな石造りのコテージを見つけて引っ越している。2人はその家を「隠れ家」を意味するスペイン語*Escondite*（エスコンディーテ）と呼んだ。[35]

ユーカリの木がうっそうと並ぶ林の中、マツの香りやミントの匂いに囲まれて、彼らは自分たちだけのエデンの園を造った。[36] イチジクやレモン、サンザシやサボテン、リンゴやカボチャ、ポピー、そして熱帯地方のさまざまな草花。「地球の東西南北ほぼすべて」から集めた植物を同居させ、「最終的に、ぎゅうづめでちぐはぐではあるものの、楽し気なジャングルに育った」[37] とデイヴィッドは語っている。

動物もいた。ボブという名前のサルが1匹、オウムが2羽（1羽はスペイン語を、もう1羽はラテン語を喋る）、みゃあみゃあ鳴く子ネコたち、それからあごの肉がだらんと垂れた大型犬のグレートデン。条件がよく、サルが落ち着いて手綱をちゃんと持っていられるときには、グレートデンの上にまたがらせて走らせたりもしていた。のちにデイヴィッドとジェシーはもう少し大きな家を母屋にして、彼らのサイケな楽園に新メンバーを2人加えた。息子のナイト、そして娘のバーバラだ。

デイヴィッドはバーバラにめろめろだった。バーバラは母ジェシーの黒曜石のような目を受け継いでいた。自伝では娘を「黒い目のピューリタン」と呼び、詩の形式で「こちらへおいで、真実をお喋りしてごらん／その黒いおめめはどこから来たのか」[38]と書いている。バーバラが大きくなり、生物分類に対する父の情熱を受け継いだことがわかってくると、デイヴィッドは狂喜乱舞した。娘を連れてキャンパス内を回り、虫や鳥や花を見つけては分類してみせた。

ある日、7歳になったばかりのバーバラが、黒い鳥を指さして「自発的に」あれはレンジャクだと言ってみせた[39]。デイヴィッドはこの一件を、分類学のセンスにも遺伝的な要素がある証拠だと考えた。自伝では、未来の科学者は分類学的思考の遺伝について研究してほしいと訴えている（それが遺伝的形質なのだとすれば、子の関心を確かめる手っ取り早い方法は、その子の親を――この場合は父親を――解剖してみることかもしれない）。

自伝の中で、デイヴィッドは育児において絶対やってはならない大罪を犯している。自身の子ども全員の中で、バーバラが「一番かわいく、一番賢く、一番面白く、一番愛らしい」[40]と評したのだ。

大学では、資金の心配がないのをいいことに、魚類採集旅行を企画した。[41] 少年時代に夢と地図でしか見ることのできなかった場所へ赴くのだ。サモアへ。ロシアへ。キューバへ。ハワイ、アルバニア、日本、朝鮮半島、メキシコ、スイス、ギリシャ、ほかにもさまざまな土地へ足を延ばした。

当時を振り返る自伝の記述には、「水底までまっさかさま！」や「地元の祭りに参加！」といった見出しが躍っている（自伝ではエクスクラメーションマークはついていないけれど、つけたくなるパワフルさを感じる）。ガラガラヘビやサメの大群に度肝を抜かれた話もある。日本で見聞きしたユーモアの話、満月を愛でる宴に招かれた話、悪路に閉口した話もある。旅先で出くわした無礼なアメリカ人女性が彼がスタンフォード大学学長だと気づいて途端に態度を変えた話、朝鮮半島の文化や人々の描写など、話題は多岐にわたる。[訳者脚注2]

サモア島には再三にわたり足を運んだ。祭り《ルアウ》に加わり地元の人々と交流した話のほか、妻が同行したエピソードにも触れている。「ご婦人ジェシー、グリフィンに会う」という小見出しのところで、ジェシーが見たのはギリシャ神話に出てくるグリフィン——ワシの頭を持つライオンの怪物——ではなく、巨大なコウモリだ。デイヴィッドは「空飛ぶキツネ」[42] と書いている。

旅行の様子を写した写真では、たとえば山高帽をかぶった男たちが手漕ぎボートにひしめきあっている。あるいは、砂浜に打ち上げられたクジラの前で、座礁した船の前で、アルプスの絶壁の前で、彼らが胸を張っている。トビウオの写真、海面に躍り上がるクジラ

［訳者脚注2］

自伝の中で、「日本人のユーモア」という見出しのところでは、庶民が金持ちやお上を笑いのネタにして楽しむという話が紹介されている。「満月の宴」という見出しのところでは、東京滞在中、9月に帝国ホテル支配人の厚意で、中秋の名月を愛でる宴に参加した話が語られる。「上り坂に毒づく」という見出しの悪路の話では、日本で日光を訪ねた際、新井ホテル（その後「日光ホテル」に改称、1926年閉業。渋沢栄一が創立に携わった）に向かう車の乗り心地が悪かったというエピソードが披露される。「旅先で出くわした無礼なアメリカ人女性」のエピソードは、長崎での体験。

デイヴィッド・スター・ジョーダンはこの頃に何度か来日し、全国各地に足を運んで魚類採集を行った。日本の大学機関や研究者と交流し日本の魚類研究に貢献しただけでなく、訪れた地域の漁師や村人たち、そして渋沢栄一など当時の日本を代表する政治家や実業家たちと数多く交流した。

自伝では文化、風習、人々の暮らしの様子についてこまやかに記述をしており、おおむね好意的で愛情すら感じさせる。関西で訪れた村の子どもらの多くが貧しさゆえに身体的障害をもっていたという話や、アイヌ民族の置かれた苦境について語る記述などを読み、本書でこのあと説明されるジョーダンの思想を踏まえて彼の心境を想像すると、不可解なような不気味なような、複雑な気持ちにさせられる。

の写真、火を噴く火山の写真もある。マッターホルン登山中にチャーリー・ギルバートが落石に当たったときの描写は手に汗を握る。(43) チャーリーは助かったが、かろうじて命は無事という程度だった。頭部に重傷を負い、ガイドに運ばれて下山した。生涯において「恐怖におびえる」(44) 思いをした数少ない出来事の1つだ、とデイヴィッドは告白している。

それでも新たな海や川を次々と探索し、そのたびに変わった魚を樽いっぱいに持ち帰った。オオウナギ、シビレエイ、ハイギョ、イラ、ハダカイワシ、タツノオトシゴ、シュモクザメ、ヒラメ。どれもエタノールに漬けられた。

探検隊の名づけはどんどん独創的になっていった。醜い魚には嫌いな知人の名前をつけ、かわいい魚には友人の名前をつけた。

弟子たちによる命名には、ときどき探検隊リーダーへの敬意がてらいなく盛り込まれた。ハワイで発見した愛らしい魚は、「ジョーダンのベラ」という意味で、学名〈キーヒラブルス・ヨルダニ〉と命名された（ハワイアンフレームフェアリーラス）。

「ジョーダンのフエダイ」で、〈ルチャヌス・ヨルダニ〉（ルチャヌス・インディカス）。

「ジョーダンのハタ」で、〈ミクテロペルカ・ヨルダニ〉（ガルフグルーパー）。

「ジョーダンのカレイ」で、〈エオプセッタ・ヨルダニ〉（ペトラーレカレイ）。

彼らが考案した名前は1000種類ほど。1000種類もの新種が、人類史の中でたった数人、デイヴィッドと仲間たちによって発見されていった。

このときのデイヴィッドの夢のような人生に、唯一の心配事があった。その心配事は少しずつ目立つようになっていた。彼の好き放題な活動を叶えてくれていた女性、ジェーン・スタンフォードの存在だ。

デイヴィッドの学長就任からわずか1年後に、リーランド・スタンフォードが死去し、ジェーンが大学運営の実権を握った。しだいにわかってきたのだが、ジェーンは、向こう見ずなのっぽの男のことを、さほど支持していたわけではなかった。[45] デイヴィッドが魚のために注ぎ込む時間とお金の多さにも、彼女は不満を表明するようになっていった。

実際のところ、ジェーンの希望としては、大学を別の方向へ発展させていきたかったのだ。たとえば、そう、降霊術の科学的研究とか。[46] 大気中にX線というものがあるらしいのだから——X線、電子、放射線などは、ちょうど19世紀末頃に発見された——こうした技術のどれかが死者との交信を実現するブレイクスルーにつながるのではないか、とジェーンは期待を抱いていた。

デイヴィッドに言わせればバカげた発想だ。[47] 彼のお気に入りの遊びの1つが、霊媒師の化けの皮を剥ぎ取ってやることだった。「詐欺行為」[48] の仕組みを見破るためだけに、サンフランシスコで開かれた交霊会に参加して、霊媒師たちのつけひげや、隠したワイヤーや、磁石や、声を反響させるホーンやヘリウムガスなど、「巧妙なパフォーマンス」[49] に使われる小道具の数々を指摘しまくったこともある。

彼がジェーンの要求をまともに受け止めるわけがなかった。むしろ、こうした考えを信じる人を遠回しに、しかしあからさまに批判する論稿を発表している。[50]『サイエンス』誌や『ポピュラー・サイエンス』誌に、「原子の魂」だの「星霊」だのを発見したと主張するペテン師についての風刺文を掲載した。そうした分野の名称も考案した。「エセ科学(sciosophy)」だ。科学(science)と哲学(philosophy)が残念な形でまざってしまったと考えた。「精度、論理、数学、望遠鏡、顕微鏡、メスといった器具は、エセ科学には必要とされない。人生は短いのだから結論は手っ取り早く出せ、ということなのだろう」[51]

だが、デイヴィッドが本当に苦言を呈したい対象は、騙されやすい人間を手玉に取るペテン師たちではなかった。そんな輩《やから》にころりと騙されてしまう者たちのほうだ。「真実を真理ではないと信じたがる」[52]、そんなゆるい頭が、デイヴィッドいわく「社会に大量の厄介ごと」[53]を作り出しているのだった。

ジェーン・スタンフォードがこうした論稿のどれかを読んでいたかどうかはわからない。論文のどれかが「たまたま」彼女の机に差し出されることがあったのだろうか。それとも、彼はちょっと毒を吐いて発散していただけだったのだろうか。

どちらだったにせよ、ジェーンのシルエット——黒のヴィクトリア朝ドレスに花飾りの帽子という いでたちでキャンパス内を闊歩する——はデイヴィッドにとって不吉な光景になっていったらしい。

ジェーンはデイヴィッドのリーダーシップについて、顔をあわせるたびに新しい文句をつけるようになった。デイヴィッドの採用方針に懸念を示し、縁故主義だと糾弾した。[54]理系の教員たちをデイヴィッドの「ペット」[55]と呼んだ。

こうした批判、侮辱、彼の統制に対する耐え難いあてこすりの傷をいやすのは、いつでも魚たちだった。広大な水の世界は無限のなぐさめを、酒やドラッグなんかよりもずっとよいと彼が信じる心地よさをもたらしてくれる。新しい魚、新しい獲物、それまでは宇宙の中の無名の存在だったものに新しい名前を与えるたびに、たとえようもないほどの高揚感があった。命名は蜜のように甘く、**幻想の万能感**をもたらす。美しき秩序の感動が湧きあがる。

名前を与える——この世にこれほどの癒しが、果たしてあるだろうか。

標本瓶の中の始祖

Genesis in a Jar

ものごとは、名前を与えられるまでは存在しない——哲学ではそのように考える発想がある。[1]たとえば正義、郷愁、無限、愛、罪といった抽象的なもの。そういう概念はもともと霊的な次元かどこかに存在していたわけではない。人間による発見を待っていたわけではない。誰かが名前をつけたときに、初めてパッと存在を得るのだ。

名前がつぶやかれた瞬間、概念は「リアル」になる。現実に対して影響を与えられるという意味での実体を得る。戦争、停戦、破産、愛情、無罪、有罪は、人間がそう宣言することによって成立し、そして宣言されることで人間の人生に影響を与える。名前そのものが甚大な力をもち、導管となって、架空の着想を現実の領域へと引きずり出す。逆に言えば、名前が与えられるまでは、概念それ自体が何かの作用をすることは皆無に等しい。

この意見には否定派も多い。否定派はあきれ顔で、例として数学をもちだす。数字は、人が数字に名前を与えるまで、存在しなかったのか？　円周率の記号を書かなければ円は描けないのか？

しかし少なからぬ哲学者が、このややこしい思想を追究している。たとえばヴァージニア大学の哲学者トレントン・メリックスは、存在というものに対してかなり懐疑的だ。椅子のように具体的な物体でさえ、存在しているとは考えない。[2]粒子の集まりの上に座っていることは認める、しかし、それらの粒子は「椅子」を構成しているのか？――彼の答えはNOだ。

椅子だろうと手袋だろうと、この地球上にあるあらゆるモノについて、人間が命名したカテゴリーのほとんどをメリックスは信じない。メリックス家の子どもはこうした知識を浴びて育っており、娘は学校の親子遠足でリンゴ園に行ったとき、ほかの保護者や生徒がいる前で、父に回答を求めたという。自分たち全員が今まさに乗っている荷車は存在していると父は思うか。父はきまり悪く周囲を見回し、質問をはぐらかそうとしたが、娘は逃がさなかった。「この荷車は存在する？　存在しない？」メリックスは下を向き、答えた。「存在しないよ」

自分の意見がどんなふうに聞こえるかはわかっている、とメリックスは語る。だから飛行機で隣に座った人にも、研究の話はしない。「笑いのネタになるに決まっている話は持ち出さないようにしている。だが、この考え方がおかしいとは思わない」

そもそも、人間の頭は世界を整理することが得意とは限らないのだ。ものごとに名前を与えても、往々にして間違っている。「奴隷」という名前を与えられた存在は、下位の生き物だったのか、自由を得るに値しない生命体だったのか。「魔女」という名前を与えられた存在は、その扱いに値する者だったのか。椅子の例を出すのも同じ発想だ。椅子は、思い上がりに注意せよ、と呼びかけるリマインダーなのだ。生活の中のきわめて基本的なものであろうと、「これは椅子である」という決めつけをしてもよいのかどうか、慎重になるよう促している。「人として歩みを止めたくないなら、そういうことを考えなければならないと思う」とメリックスは言う。

私にも理解できた。完璧に納得がいった。メリックスの研究室――研究室も存在しているとは限らないけれど――に赴き、そこで彼と向き合って取材をしていたあいだは、確かに大事なことだと感じられた。けれど、研究室を出てキャンパス内を歩き、目の前で橙色《だいだい》の葉っぱが美しく舞い散っているのを見ていると、今聞いたばかりの理屈が風の中に消散していく。もちろん椅子は存在してるに決まってる。木も。葉も。そして愛だって。

この世界にはリアルなものがある。名前があるかどうかに関係なく、リアルなものが。魚たちは、水面のすぐそばをうろうろする分類学者に「魚である」と名付けられたからといって、気にするだろうか。名前があろうとなかろうと、魚は、魚だ。

そうではないか？

そのはずではないか？

このことはあとでまた話したい。とりあえず今言えるのは、分類学者たちが命名をとても大事にしているという点だ。

種が命名された瞬間、その標本は特別な瓶に入れられた特別な標本として、特別な名誉を与えられる。科学の公式台帳に種を記録する唯一無二の基準になるのだ。分類学の用語では、学名を担う標本を「タイプ」と呼ぶ。命名に使用された神聖《ホーリー》なるタイプは「ホロタイプ（正基準標本）」だ。同音異義語としても出来すぎている。

ホロタイプは、宗教的遺跡や遺物などと同じように大切に安置される――世界各地の博物館や学術機関といった安全な場所に。

たとえばハーバード比較分類学博物館には、ロンギヌスブルーと言われるシジミチョウの最初の1匹が、〈リカエイデス・イダス・ロンギヌス〉の標本として保管されている。フランスのトゥールーズ自然史博物館には、今では絶滅したヒトデの一種、モザイク模様の小さいペンダントのような〈マロカステル・コロナトゥス〉の標本が収められている。たいていは奥の閉架の部屋にあるけれど、見たいものへの敬意を示して丁重に頼めば、こうした標本を見せてもらえることがある。息を呑んで標本と向き合い、ある意味では文字通り、瓶に収められた種の始祖と対峙する。

標本には重要なルールがある。仮にホロタイプが失われたら、また新しい標本を瓶に収めればいい、という単純な話にはならないのだ。その喪失を受け入れ、おごそかに悼み、喪失を記録する。後光は消え、当該の種は基準をもたないものとなる。新たな標本が、その種の物理的代表者として選ばれるけれど、それは決してホロタイプにはなりえない。あくまで「ネオタイプ（新基準標本）」だ。

《ネオタイプ》　ホロタイプが喪失または破壊された際に、その種を代表する標本としてのちに選ばれた標本のこと。

まるで宗教儀式ではないだろうか。

★　★　★

廊下にカツカツと音が響く。リノリウムの床を歩く足音。私は今、大海原に存在する中でもたった1種、デイヴィッド・スター・ジョーダンその人がみずからの名前を与えた魚を謹んで拝覧すべく、向かっている。

首都ワシントンDCから20マイル（約32キロ）離れたメリーランド州、スミソニアン博物館別館の広大な標本保管庫に、厳重な警備のもと、その貴重なホロタイプが収められている。

建物内は涼しい。空調管理が行き渡っている。室内はほぼ窓がない。キツいエタノール臭がつねにつきまとう。セロハンテープの匂いとマツの木の匂いが混じったような。廊下に音を響かせていた足は6本だ。私と、私を案内する政府職員の分類学者が2人。首元に記章をつけている。

有蹄類の標本を集めたエリアでは、ケースに収まりきらないほど大きなヒヅメやツノが飾られていた。爬虫類のエリアでは、カーペットの全長くらいに長い尾をもつ生き物の標本もあった。それらの横を通り過ぎ、建物の奥、魚類エリアに向かう。施錠された扉に職員が暗証番号を入力して、私たちは室内に入った。図書館のようだ。違いは、棚に本ではなく瓶が並んでいることだけ。大きな瓶。小さな瓶。それぞれが少なくとも1つ、黄色がかった液体の中に膨張した死体を収めている。特大のウナギはじゃばらに折りたたまれ、まるで巨人が食べるねじねじ飴のよう。小魚でいっぱいの小さな瓶は、まるで料理に使うケイパーの瓶のよう。サソリのように見える魚、クッシュボール［訳注：応援団のポンポンのようなシリコン製玩具］のように見える魚、老人のように見える魚、アルミホイルの折り紙細工みたいな魚。私たちがこんなものから進化したと考えると変な気分だ。発生の初期段階ではこうした魚たちと人間がほとんど瓜二つだなんて。

そしてようやく、めあての標本にたどりついた。標本番号51444、〈アゴノマルス・ヨルダニ〉*Agonomalus jordani*（クマガイウオ）だ。[3] 1904年にデイヴィッド・スター・ジョーダンが日本の沖合で発見し命名した。[訳者脚注] 広口瓶の底のほうに、小さな黒いドラゴンのような生き物がいる。

［訳者脚注］

〈アゴノマルス・ヨルダニ〉*Agonomalus jordani* (Jordan & Starks, 1904) という名前は、この魚のシノニムの1つ。現在有効な標準名は *Hypsagonus jordani*、スズキ目トクビレ科ツノシャチウオ属クマガイウオ。英名バーブド・ポーチャー (Barbed poacher) は、「トゲのある密漁者」という意味。和名「クマガイウオ」は、源平合戦で平敦盛を討った源氏の武将、熊谷直実《くまがいなおざね》にちなんでいると言われる。地方名では「くまがい」、「しげとく」、「おにぎぼ」とも。

女性職員が蓋を開け、金属のトングを瓶の中に差し込み、ドラゴンをつまみあげた。大気中に登場すると、黒いうろこが明るい照明のもとでギラリと光り、エタノール液がリノリウムのタイルにぽたぽた落ちる。彼女はその標本を私の手のひらに載せた。

こんなふうに大事に保管されているものに触れることが許されるだなんて、思ってもみなかった。全体的にシャープな形をしていて、トゲだらけだ。強く握ったら手から血が出そうなほど。試してみたい誘惑にあらがいながら、表面に名札を縫い留めた糸の結び目に触ってみた。1世紀前の結び目が、今もしっかりと、がっちりと、そこにある。デイヴィッド自身の指が結んだのだろうか。

この生き物の突き出た口はとがっていて、胴はらせん階段のようにねじれている。ひれは本当にドラゴンの翼のようで、鋭くギザギザしている。非凡なハンターとして知られるトクビレ科の魚だ。カモフラージュ効果で海草のすきまに身を隠し、小さなカニやエビなどを狙う。翼のような巨大な胸びれを使い、信じられないスピードで突進する。油断していた甲殻類たちは、何が突撃してきたか知る暇もなく、一巻の終わりだ。

不気味な静寂が流れる中で、私は考えていた。なぜデイヴィッドは、自分が出会った何千種類もの魚の中で、この1つに自身の名を与えたのだろう。確かに印象的だけれど、まるでエッシャー［訳注：精巧でやや不気味なだまし絵で知られるオランダの画家］の絵のように恐ろしい姿だ。

形状はどこか破綻して見える。輪郭を指でたどってみると、指の位置がいつのまにか右半身から左半身へ入れ替わり、角を曲がったような手ごたえもなくするりと一周してしまう。この魚の属名 *Agonomalus* は、まさにギリシャ語で「隅がない」という意味だ。「A＝なしの（without）」＋「gonias＝角、隅（angle, corner）」。大昔の分類学者たちも、物理的な常識にとらわれないかのような形に注目したのだろう。*Agonomalus jordani*。隅をもたないジョーダン。まるでメビウスの輪だ。二面でありながら一面でもある。半身と半身の境目がよくわからない。

なぜ、この生き物に、デイヴィッドは自身を投影させようと思ったのだろう？　その選択には何かしらの告白がこめられていたのだろうか。多くの人の心をつかみ、仕事を引き寄せ、数々の賞も授与されていたフレンドリーな男……そんな彼の奥底にあるダークなものが、この命名に漏れ出ていたのだろうか。

私にはわからなかった。

私にもわかったのは、デイヴィッドが魚たちに存在を与えれば与えるほど、宇宙は彼にいっそう残酷な仕打ちを返していたらしいという点だ。

カオスに立ち向かうデイヴィッドから前妻スーザンを奪い、彼女とのあいだに生まれた3番目の子ソーラを奪っただけでなく、よき友人だったハーバート・コープランドも奪った。北米の淡水魚を探す冒険で助手として起用した男だ。ハーバートはある日、インディアナ州のホワイトリバーでの採集活動中に、船から川に落ちて凍死した。[4]「もっとも親しかった古い友人が、いつも私のそばにいてくれた輝かしき頭脳の持ち主が、私の人生からいなくなってしまった」とデイヴィッドは書いている。

悲劇はそこで終わらなかった。ハーバートの死後まもなく、デイヴィッドが目をかけていた学生、チャールズ・マッケイが、アラスカで新種の魚類探索中に行方不明になった。[5]さらにその後、同じくデイヴィッドの教え子だったチャールズ・H・ボールマンがジョージア州南部オケフェノキー湿地での採集活動中にマラリアにかかり、あっというまに息を引き取った。[6]

デイヴィッドがこれらの死におじけづき、秩序の探究からほんの1秒でも手を引いたのかと言えば、答えははっきりと否だ。カオスが猛威を振るうたび、倍返しだと言わんばかりに、彼はますます強硬にカオスに挑み返した。

魚の捕獲方法にも、より攻撃的なテクニックを発明している。ダイナマイトを使って水中から吹き飛ばしたり、サンゴを破壊して魚たちをおびき出したり。[7] おそらく一番巧妙だったのは、潮だまりの小さな割れ目の中に隠れる「無数の小魚たち」[8]を捕獲する方法だろう。潮だまりに微量の毒をまき、死んだカジカやヒトデやハゼたちがたちまち浮き上がってくるのを待つのだ。

またしても彼は、命名が追いつかないほどのスピードで新種を発見していった。スタンフォード大学の研究棟内に作った彼の神殿に、魚の死骸がじゃんじゃん増えていった。胸が興奮でふくらむ思いを、舌が甘美にふるえる思いを、秩序と主導権をしっかりとわが手に握った感覚を、彼は徐々に取り戻していった。

けれど、カオスは静かに、辛抱強く、デイヴィッドに思い上がりを知らしめて相応の規模で叩き返す準備を進めていたらしい。

まずカオスが目をつけたのはバーバラだった。デイヴィッドの一番お気に入りの子、後妻ゆずりの黒い瞳で、分類することが大好きな娘。「隠れ家《エスコンディーテ》」と名付けた家の庭を父娘はよく一緒に歩き回り、イヌに乗るサルを横目に、鳥や植物を見つけては名前を言い当てたり、お話を作ったり、ものごとの実存的本質について話し合ったりもするほどに、心を通わせていた。

「あるとき娘と一緒に庭を歩きながら、私がライリー〔訳注：詩人ジェームズ・ウィットコム・ライリー〕の詩から『気を付けないとゴブリンにつかまっちゃうぞ』という一節を口にした(9)」と自伝で書いている。

「すると娘は『ゴブリンなんていないでしょ。そんなの昔だって、これからだって、絶対いないよ』と言った。『そうかもしれないね』と私は答え、バークレー〔哲学者ジョージ・バークレー〕の観念論を思い出しながら、『実体なんて何ひとつないんだろうね』と言った。すると娘は『そんなことないよ』と答えた。『あるモノはあるでしょ』。そう言って、あたりを見回して疑いようもなく存在するものを探し、高らかに宣言した。『たとえば、カボチャはあるでしょ』」

けれど1900年のある日、デイヴィッドが魚類採集のため日本に赴いていたあいだに、

9歳になっていたバーバラが猩紅熱《しょうこうねつ》にかかった。デイヴィッドは急いで帰国して娘に寄り添おうとしたが、サンフランシスコの波止場に着いた時点で、もう手遅れだと知らされた[10]。デイヴィッドはこのことを「どんな経験よりももっとも残酷な厄災」「妻と私にふりかかった、何より圧倒的な痛手」[11]と書いた。

「一番の明るい光が私たちの人生から消えてしまった。20年後、これを書いている今でさえ、この傷は昨日のことのように深く痛む」

このときの彼にわずかななぐさめを、かすかな生きる目的を、あるいは悲しみから意識をそらす方向を与えてくれた唯一のものは、何だったか。もちろん、魚たちだ。水辺へ、海へ、さらなる魚類を求めてデイヴィッドは舞い戻っていった。

「自身の無力さを痛感するとき、強迫的収集行為が、その痛みを緩和する手助けになる」のだ。

★　★　★

デイヴィッドにとっては不幸なことに、彼の足を引っ張る敵はカオスだけではなかった。

彼が40代後半に差しかかり、ひげに最初の白髪が交じるようになっても、ジェーン・スタンフォードは例のぞろっとした黒のドレス姿で、デイヴィッドの視界をちらちらかすめ続けては、彼のやることなすことに疑問を呈し、魚に没頭したい彼を邪魔するのだった。

デイヴィッドの統率力に対する不信感――コネ採用と莫大な経費無駄遣いへの批判も――をつのらせたジェーンは、彼を監視するためのスパイをつけた。[12] ドイツ語学科の教授だ。禿げ頭であごひげを生やし、名前をユリウス・ゲーベルといった。[13] ジェーンはゲーベルに、デイヴィッドの行動を記録して、疑わしいことがあれば報告するよう指示した。

バーバラの死から数年後、スパイは、デイヴィッドのよからぬ行動を発見した。正確に言えばチャーリー・ギルバートの不始末だ。デイヴィッドの積年の仲間チャーリー・ギルバートは、かつて教え子として採集旅行に同行し、いまやスタンフォード大学の動物学部の学部長になっていた。登山中の落石によるケガからもとっくに回復し、結婚生活を長く続けていたギルバートは、学内で知り合った若い女性と関係をもつようになった。

これを目撃した図書館司書がデイヴィッドに報告し、不適切な行為を行うチャーリーを解雇するよう求めた。デイヴィッドにしてみれば、自分の取り巻きの中からチャーリーを――「頭脳明晰な分類学者」を――失いたくない。決断は早かった。図書館司書に対して、このことを一言でも他人にもらしたら「性的倒錯者として精神病院に閉じ込める」(14)と脅したのだ（「性的倒錯」は、基本的には同性愛を意味する表現だった）。

黙らせる試みは成功した。司書だった男性は離職して街を離れた。しかしジェーンのスパイはどういうわけかこの顛末をかぎつけ、報告書に仕立ててジェーンに提出した。報告書の中でゲーベルは、デイヴィッドが友人を守るためにセックススキャンダルを「もみ消した」(15)と糾弾し、これは氷山の一角だと主張している。ゲーベルによれば、デイヴィッドはまるで「ギャング」のように大学を牛耳っており、教員たちは「クビになるのを恐れて」逆らえない。報告書の最後で、ゲーベルはジェーンに直接的な嘆願を寄せた。「ご自身でもおっしゃったように、このような状況は学風を汚します。偉大な大学として運営をしていくおつもりなら、これらの問題は根本から排除しなければなりません」

そこでジェーンは――デイヴィッドが倫理的にも知的にも劣っているとみなしていることの女性、出どころのあやしいカネで帝国を築き、亡くした息子にエセ科学で会えるという話にのめりこんでしまうほど、言われた話を信じやすいこの女性は――大学の上級理事に署名入りの手紙を送り、デイヴィッドの道徳心欠如は「以前から私には苦しいほどに明白でした」と訴えた。(16)歴史家ルーサー・スピアーによると、1904年末頃には「スタンフォード夫人がジョーダン更迭を計画しているという噂」[17]が広まっていたという。けれど、事態は思いがけない展開を迎える。1905年はじめ、ジェーンが旅行先のハワイで、夜中に突然死したのだ[18]。宇宙のカオスはデイヴィッドを苦しめるばかりだったが、ここへきてついに、彼を窮地から救ったのである。

ジェーンの死後、デイヴィッドはスパイをスタンフォード大学から追い出した[19]。そのあとは、誰からも反対されることなく、また長期ヨーロッパ出張に出ると決めた[20]。出張には妻ジェシーを同行させている。ロンドンで大聖堂を、フランスでラベンダー畑を、スイスで緑に覆われたアルプスの雄大な景色を、夫婦は堪能して回った。ドイツでは数日間の川下りツアーに参加し、モーゼル川で釣り上げられる生き物を愛でたり、味わったりした。

カリフォルニアに戻った夫婦には、娘はもういなかったが、新たに息子がこの世に誕生した。バーバラの死から2年ほど経って生まれた次男のエリックは、1905年秋には2歳になっていた。デイヴィッドはエリックの安全は絶対に守ると心に決めていた。大学の仕事も再開し、毎朝、預言者アガシの像の下を通って研究棟に行っては、アガシが「序列の最上位にいる者が行う布教」とみなした活動に精を出した。メスを片手に、瓶に収められた未知の標本たちを取り出し、明るい照明のもとで徹底的に調べていくのだ。歯、ひれ、うろこをつつき、最終的に身体を切り開いて、標本が隠し持つ秘密をあばく。どの生き物がどの生き物を生み出してきたのか、命の進化がどのような方向で進んできたのか、人間を生み出すに至る試みがどのように重ねられてきたのか。そして、人間をもっと高尚な生き物へと変えるであろう技のヒントも、その進化の過程に隠されているのではないか。

デイヴィッドは魚たちの骨や臓器に、そうした手がかりを探した。ハダカイワシは、具体的にどのように発光するのか。ヒトデはどのようにちぎれた体を再生させるのか。トビウオはどのように飛ぶのか。魚たちの適応を人間に応用すれば、人間の苦しみを減らし、さらなる高みへと引き上げることができるのではないか。

魚の内臓、神経や靭帯、浮袋や胆嚢、骨や眼球を、デイヴィッドは一つひとつ丁寧に調べた。渦巻状になった脳を何時間でも、何週間でも、ときには何年でも調べ続けた。目の前にあるものを完璧に理解したという確信が得られて初めて、たぶん指の関節を鳴らしたり、首を回したり、外の空気を吸いに行ったりしてから、ようやくその生き物に名前を授ける——たとえば〈アゴノマルス・ヨルダニ〉と。こんなふうにして、新しい種がまた1つ、この世に存在を得る。

征服した未開の地に旗を立てるがごとく、彼は銅製のタグに神聖なる名前を刻印し、標本と一緒に瓶の中に沈め、密閉した。こうして宇宙の片隅がまた1つ埋まり、標本はトロフィーのように飾られる。彼に引導を渡され、整理されたカオスの瓶は、やがて2階分ほどの高さにまで積み上げられていった。

第6章

崩壊

SMASH

そして、あの瞬間が来た。1906年4月18日、早朝5時12分に、地球がほんのちょっと肩をすくめたのだ。「山々が裂け、何マイルか誰にもわからない深さで口を開け、それからふたたび大きく動いて、何事も起きなかったかのように亀裂を閉じた（……）ほんの1分もかからなかった」[1]

デイヴィッド・スター・ジョーダンは、人生最大と言えるトラウマ的瞬間のことを、地理的事象として説明を試みている。マグニチュード7・9と推定される1906年のサンフランシスコ地震だ。[2] わずか47秒間で街の大部分が崩壊した。[3] 建物の倒壊と、その後の爆発や火災で、3000人以上が亡くなった。[4]

デイヴィッドは「イヌにもてあそばれるネズミのように」[5] 身体が投げ上げられる感覚で目を覚ましたという。このときはまだ地殻の動きなど知るよしもなく、彼はまず次男エリックの部屋に走った。バーバラの二の舞など絶対にあってはならない。宇宙に息子を奪わせるわけにはいかないのだ。廊下を走りながら長男の名も呼ぶ。18歳になっていた長男のナイトは、その夜は屋上で寝ていた。階下の応接室からは不気味で不吉な音楽が響く——崩れた天井がピアノの鍵盤の上に落下し、おかしな和音を鳴り響かせていた。[6] 幼いエリックはベッドの中で無事だったので、息子を腕にかかえて階段へ急ぐ。階段は「猛々しくうねり（……）降りるのはひどく難しかった」[7]。

それでもなんとかデイヴィッドもジェシーもエリックも屋外に出た。外は気持ち悪いほどおだやかで、鳥たちが「もうさえずりを再開していた」[8]と自伝で書いている。「自然は春の景色を鉄仮面のごとくまとって、惨事など起きなかったとうそぶいていた」

少し遅れて長男のナイトが転がり出てきて、大学が「ぐちゃぐちゃになってる」[9]と報告した。屋上にいた長男は、「ぐらつく手すりに必死にしがみつきながら」、スタンフォード王国に建つ砂岩造りの城がドミノのように倒れていくのを目撃したという。息子の説明によれば、「優雅な飛梁を備えた美しい教会塔が倒れ、メモリアルアーチが崩れ、石が『噴水から噴き出す水のように』四方八方へ飛び散り、未完成だった立派な図書館と、もう少しで完成予定だった体育館も（充分な鉄柱の支えがなかったので）トランプで組んだ家のように崩れていった」[10]。

デイヴィッドは単に大災害を生き延びた一般人ではない。倒壊した王国の統治者でもある。彼は大急ぎで大学キャンパスに駆けつけた。

時間はまだ6時にもならない。学生寮からは、ピクニック用バスケットから出てくるアリのように、学生たちがわらわらと外に出て芝生一帯に散らばり、途方にくれながら、お互いに顔をよせ肩を抱きつつ、大地はもう落ち着いたのかと様子をうかがっていた。

デイヴィッドは学生たちの横を通り過ぎ、崩れた壁や、アーチのがれきの横を通り過ぎ、さらには――あとからわかったのだが――飛んできた金属や石の犠牲になった同僚や学生たちの死体の横を素通りした。[11] 飛び出した水道管から上がる猛烈なしぶき、火花を散らす電線のそばも走って通り過ぎ、まっすぐに、魚たちが待つ彼の神殿へ駆け込む。「心配で胸が張り裂けそうになりながら」[12] 研究室のドアをくぐった。

その先で彼が見たのは、いったいどんな言葉で表現すべきものだったのだろう。

想像してみてほしい――人生の30年間が一瞬で無になった光景を。あなたが一心不乱に取り組んできたこと、大切にしてきたこと、日々愚直に続けてきたこと。無駄な努力だと匂わせてくる外野の声を全力で無視して、価値があると信じて追求してきたこと……。それがなんであれ、重ねてきた努力のすべてがこなごなに砕かれ、足元に散らばっている様子を、想像してみてほしい。

彼が見たのは、こんな光景だった。

魚たちはそこらじゅうに飛び出していた。床一面にガラスの破片。ヒラメは崩れた壁につぶされてさらにぺしゃんこ、ウナギは倒れた棚でちぎれて短くなり、フグはガラスの破片が刺さってトゲだらけ。エタノールと、露出してしまった死骸が、鼻につく強烈な臭いを発していた。

けれど、そのような実際的なダメージよりもさらにひどかったのが、「存在」におよんだダメージだ。損傷を受けなかった標本も何百個、おそらく1000個近くあったのに、神聖なる命名の証拠である標本タグが本体と離れて散らばってしまった。大地が揺れた47秒のあいだに、創世記が逆再生されたのだ。デイヴィッドが慎重に命名してきた魚たちは、ふたたび名をもたないもの、人類によって存在を知られていないものへと戻っていた。デイヴィッドは預言者の導きを求めて建物の外に飛び出す。すると、悲惨さのダメ押しをするような景色が広がっていた。

地震でひっくり返ったルイ・アガシの像は、頭からまっさかさまにコンクリートにめりこんでいた。シュールすぎる光景だ。ジョークのオチとしか思えない。両脚をまっすぐ空に向かって突き上げ、小さな大理石の手には引き続き科学書を握っている。秩序の筋道を示そうとしたアガシが迎えた避けられない結末が、まさか、頭を砂に埋める――コンクリートは砂と水を混ぜるわけだから——ことだったなんて〔訳注：「頭を砂に埋める（head in the sand）」とは、現実から目を背けることを意味する表現〕。

もしも私がこの芝居の監督だったなら、大道具担当を呼んで、あまりにベタすぎる舞台装置を作り直させていただろう。でも、これは舞台演出じゃない。宇宙の采配がもたらした現実だ。私に言わせれば、こんなに明白なメッセージはない。支配者はやはりカオスなのだ。

(13)

もうあきらめて当然だ。人生の指針にしていた預言者がまっさかさまに失墜し、夢もすべて砕け散り、何十年も辛抱強く続けてきた苦労が全部無駄になった。私なら、完全な敗北を認めて地下室に降りていったに違いない。

★ ★ ★

デイヴィッドはどうだったのだろう。

用心深い科学者だった彼は、世界のなりたちを知りたいという思いを誰よりも強く抱いていた彼は、どうしただろう。大地震が告げていた明白なメッセージと思えるものを、彼は聞いたのだろうか。エントロピーの拡散こそが世界の姿であり、人間ごときがそれを止めることなどできないのだと、彼は今度こそ納得しただろうか？

否。

われらが恐れ知らずの豪傑は縫い針を手に持ち、支配者カオスの咽喉に、その針を突き立てたのだ。

この着想――名前を身体に直接縫い付けようという考えは、いったいどこから来たのか。デイヴィッド自身の内面の奥底から湧き上がってきたのか。布を縫い合わせて敷物を作らされていた少年時代を思い出し、自然と針が浮かんできたのか。それとも誰かが提案したのか。同僚が？　学生が？　妻が？

わからない。残念ながら、この手法の起源に関する資料は見つけられていない。おそらく、標本に直接タグを縫い付けることを思いついた分類学者は彼が初めてではなかったのだろう。はっきりわかっているのは、彼が標本管理の改善を急いだという点だけだ。このときのデイヴィッドの要求が書かれた書類には、魚たちの秩序回復に対する彼の執念がはっきり見てとれる。「標本瓶を置く棚板の手前側」に落下を防ぐ柵になるような「背の低い板をとりつける工事」[14]を依頼するよう求めるほか、「〔標本を保存するための〕アルコール」[15]を発注し、「壁は鉄製に」すること、棚は「床に固定する」[16]ことを要求している。

だが、この要請に対する反応はあまりにも遅かった。アルコールは届かず[17]、環境要因に弱い標本が放置され、乾燥し始め、腐り始めていく。そこでデイヴィッドは弟子の力に頼ることにした。秩序という使命をともに追い求めてきた男たちを呼び、ほかに手だても考えられず、とりあえずホースを構えさせた。

「床に散らばる残骸たちは、ホースで水を与えられ続けた。昼となく夜となく、スナイダー教授とスタークス教授の手によって」[18]。こんな抒情的な文章に、よもや『スタンフォード魚類学会学術誌　第5巻』の「スタンフォード大学自然史博物館　現生魚類基準標本目録」（未訳）でお目にかかろうとは思ってもみなかった。

水を与えられ続けた。

昼となく夜となく。

日が昇り日が沈み、また日が昇り日が沈み、長靴を履いた教授2人が山積みの魚に向けて放水し続ける。もしかしたら、これこそが、粘り強さの真髄がうかがえる行為ではないだろうか。彼らの顔ににじむのは冷たい水しぶきと、本当にこれで正しいのだろうかという不安だ。窓の外では預言者の像がまっさかさまにひっくり返っている。空中にはまだ埃が漂っている。この惨状をもとに戻すことが可能かどうかもわからないまま、ひとまず標本が干からびるのだけは阻止し続ける。

デイヴィッドは、ショックを受けた学生たちや、息子や娘を心配する親たち、そして愕然としながら被害額を計算している大学経理部への対応にかけずり回りながらも、遠方の学者仲間に必死に連絡をとって、エタノールを送ってくれるよう頼み続けた。昼となく夜となく。

学生たちの多くは、屋内で壁のそばにいることを怖がったので、屋外の芝生で寝泊まりすることを許可した。(19) 昼となく夜となく。その間に友人たちや同僚たちの埋葬も行われる。灰は灰に。いったんおさまった埃も、まるで一時停戦しただけだと言わんばかりに舞い上がり、うずを巻いて、ダニやバクテリアやプトレシン［訳注：死臭を放つ化学成分］とともに研究室の窓から吹き込み、取り返しのつかない腐敗プロセスの始まりを予期させている。

デイヴィッドの弟子たちは放水を続けた。

あっぱれと言うしかない忍耐力だ。

もはやこれは狂気の沙汰――いや、そうではなかったのかもしれない。もしかしたら、彼らは正義を信じて粛々と、ただただできることをしていたのかもしれない。運命は非情だけれど、同胞たる人間には助け合いの心がある。「信頼」と呼べるものが、そこにあったのかもしれない。

冷たいしぶきを光らせ、48時間にわたって開かれ続けた蛇口。それは、ほとんど神々しいと言える光景だったのではないか。

★　★　★

そしてようやくエタノールの荷物が届いた。デイヴィッドはいそいで研究室に行き、弟子たちと一緒に床の標本をよりわけにかかった。このひれは……どの国で見つけた魚だった？　ふちが黄色の眼球は手がかりにならないか？　存在を救うトリアージだ。まだ名づけを受けていなかった標本たちは、ちらばったまま、彼らが識別できなければ存在することをやめる定めなのだ。

デイヴィッドは、水滴をしたたらせる茶色の魚をつまみあげた。手のひらほどの大きさで、背中と、二股に分かれた尾に、赤い斑点がある。黒大理石のような眼球をじっと見つめ、記憶の迷宮を掘り返す。おまえに出会ったのは、世界中をめぐった数々の採集旅行のどれだっただろう？　おまえをとらえたのは網だったか、銛だったか。おまえが身をばたつかせながらゆっくりと命を失い、このデイヴィッド・スター・ジョーダンの獲物となったのは、どの土地でのことだっただろう？

デイヴィッドは考える。目を細めて考え込む。

だめだ。この標本はこの世に引き留めておくことができない。かくして、一度は瓶に収まっていた生き物がごみとして投げられる。トイレに？　ごみ箱に？　放棄された魚を受け止めたブラックホールが正確に何だったのかはわからない。特定できなかった標本の残骸は廃棄物になった。また別の残骸も廃棄物になった。それが100回、1000回と繰り返された。1000匹の魚が消えていった。[20]　思い出すことができないという、小さな

1000回の失敗のせいで。

このいらだちが、彼をイノベーションに導いたのだろうか。

わからない。彼の針の最初の一刺しについては、ただ想像するだけだ。何度も特定を断念した末に、彼はようやく1匹の魚を識別する――私の目にはどの川にも必ずいる平凡な魚としか映らない、アンチョビみたいな1匹。デイヴィッドは、まるで宝石商がダイヤモンドを検《あらた》めるように、片手でその小さな生き物を大事に捧げ持つ。もう片方の手に針を持ち、先端を向ける。

このときデイヴィッドに魚を特定させた手がかりは何だったのだろう。背中のかすかなトラ縞模様だったか、目の周りの銀色の輪だったのか。胴体の上に透明なチョウが止まったかのような、小さな腹びれか。デイヴィッドが仕掛けた網からなんとか逃れようとして、そのセロファンのような翼を水中で必死にはためかせていた姿を、彼は思い出したのかもしれない。マングローブの根が水に浸り、砂には波の縞模様がついていて、海水の温度が高くて……あれは、あの場所は確か……パナマだ！　そう、パナマ。間違いない。今彼の手にあるのは、パナマ湾に生息するハゼ、〈エウェルマンニア・パナメンシス〉のホロタイプだ！

記録によれば、地震で瓶から飛び出してしまった標本の中に、確かにこの〈エウェルマンニア・パナメンシス〉があった。科学から永遠に失われる寸前に、なんとか回収された標本の1つだ。[21]

この魚を二度と失うわけにはいかない。彼はハゼの咽喉の部分に針を刺し、反対側まで貫き通した。[22] タグを直接ハゼの身体に結び付ける。その瞬間、なんということでしょう！生き物は存在を取り戻す。〈エウェルマンニア・パナメンシス〉となる。デイヴィッドのたゆまぬ忍耐強さのおかげで、小さなカオスのかけらがとらえられ、秩序の列へと帰ってきたのだ。

★
★
★

このとき彼は心の中でなんとつぶやいていたのだろう。自身のライフワークの破片をほうきで片付け、特定できなかった魚たちをごみとして捨て、夜には幼い息子エリックを寝かしつけながら、稲妻が、地殻変動が、バクテリアがいつまた襲ってくるか――何度でも、際限なく――わからないことを痛感しつつ、すべてが水泡に帰す事態を避けるために、自身を駆り立てる呪文として彼は具体的にどんな言葉をつぶやいていたのだろう。

知りたい、という思いが私の中で大きくふくれあがっていた。

くせ毛の彼が私のもとを去ってから3年。私の世界は相変わらず沈黙したまま止まっていた。彼とは誰かの結婚式で一度顔を合わせた。挨拶のハグをしたとき、シナモンの香りが私に降り注いだ。それだけ。

でも、私はまだ希望にしがみついていた。いつか、すべてが修復される日が来るかもしれない。私たちの強い愛が、私の裏切りを乗り越え、数年間の別離を、もはやお互いを知っているとも言えないくらい離れてしまった空白期間を、乗り越えることができるんじゃないか。何かを信じるのは気持ちのいいことだと思った。言葉や行動を超える「何か」があると信じるのは、きっとよいことだ。たとえその信念が、疑いにまみれてぼろぼろだとしても。

彼と別れてから3年のあいだに、私はニューヨークを離れ、ラジオレポーターの仕事を辞めた。ヴァージニア州に引っ越し、居場所を探して小説執筆講座を受講し、自分と同じような苦境にはまり込むキャラクターを描き続けた。恋人が離れていった理由を理解できない、うぬぼれの強いカブトガニのお話を書いた。彼氏に去られた彼女の話を書いた。壁とお友達になる女の話を書いた。

休暇でマサチューセッツの実家に帰ると、姉たちはそれぞれに違うしぐさで私の肩を抱いては、そろそろ前に進む頃だと言うのだった。2番目の姉は肩をぐいとつかんで、しっかりしてよ、強い自分を思い出してよ、と言う。1番目の姉はやんわりと肩に手を置き、ベルベットに触れるようにそっと指をすべらせる――たぶん、これ以上の痛みを引き起こしたくないという思いで。

実家のテーブルでくせ毛の彼の不在をますます実感したくなくて、心配で見開かれる姉たちの瞳と向き合いたくなくて、年末の帰省をやめた年もあった。ヴァージニア州に残ったまま、お気に入りの山にハイキングに行ってみようとしたけれど、登山道は雪で封鎖されていた。行き止まりを示す青い金属の柵のそばに座って、夕日が見えないかと目をこらす。視界に入るのは霧だけだ。

シャーロッツヴィルのアパートにはコーヒーカップばかりが増殖した。一つひとつのカップはどれも最初はあたたかく、ふちまで希望でいっぱいだ。私がこの惨状から抜け出す言葉を――小説のための言葉を、彼に送る手紙に書く言葉を、あるいは何でもいいからとにかく呪文の言葉を――見つけ出せるんじゃないか、という希望があふれている。

けれど一日が終わる頃には、カップはコーヒーかすでどんより重たくなる。持ち上げられないほど重たくなる。窓枠にカップがいくつもいくつも重なっていった。講座の課題を仕上げた頃には、私が住んでいた黄色い壁の小部屋は、土っぽい匂いがすっかりしみついていた。

私はシカゴに引っ越すことにした。友人のヘザーが、空いている部屋に何週間か泊めてくれることになった。そのあいだにどうするか決めればいい、と。信じられないくらいの太っ腹だ。シカゴの街も好きだった。ひんやりした空気も、他人の中に埋もれられる環境も。

シカゴでの私は別人のふりができた。コンバースのスニーカーを履いて、砂っぽい歩道を歩く。舗装に炭酸カルシウムが使われているらしく、足元が弾んだ。ここなら私もなりたい人間になれるような気がした。浮気もしない、鬱にもならない、宇宙の鉄槌《てっつい》を食らわない人間に。帰るべきハッピーな家を心に抱いた人間に。

けれど、ヘザーが恋人と遊びに行って不在の日には、都会の薄紫のネオンライトが窓から射し込む夜には、現実から目を背け続けることなどできないと痛感させられるのだった。

私の人生はからっぽだ。希望にしがみつき、その希望の光でなんとかあったまろうとしても、からっぽは大きくなるばかり、しんしんと冷え込むばかりだ。

つまりは、そういうこと。私は、ありていに言って、どん底だった。絶望的な使命のためになおも進んでいく気になれる決定的な一言を、デイヴィッド・スター・ジョーダンという権威ある人物の言葉の中に、どうしても見つけなければならなかった。

第7章

不壊なるもの

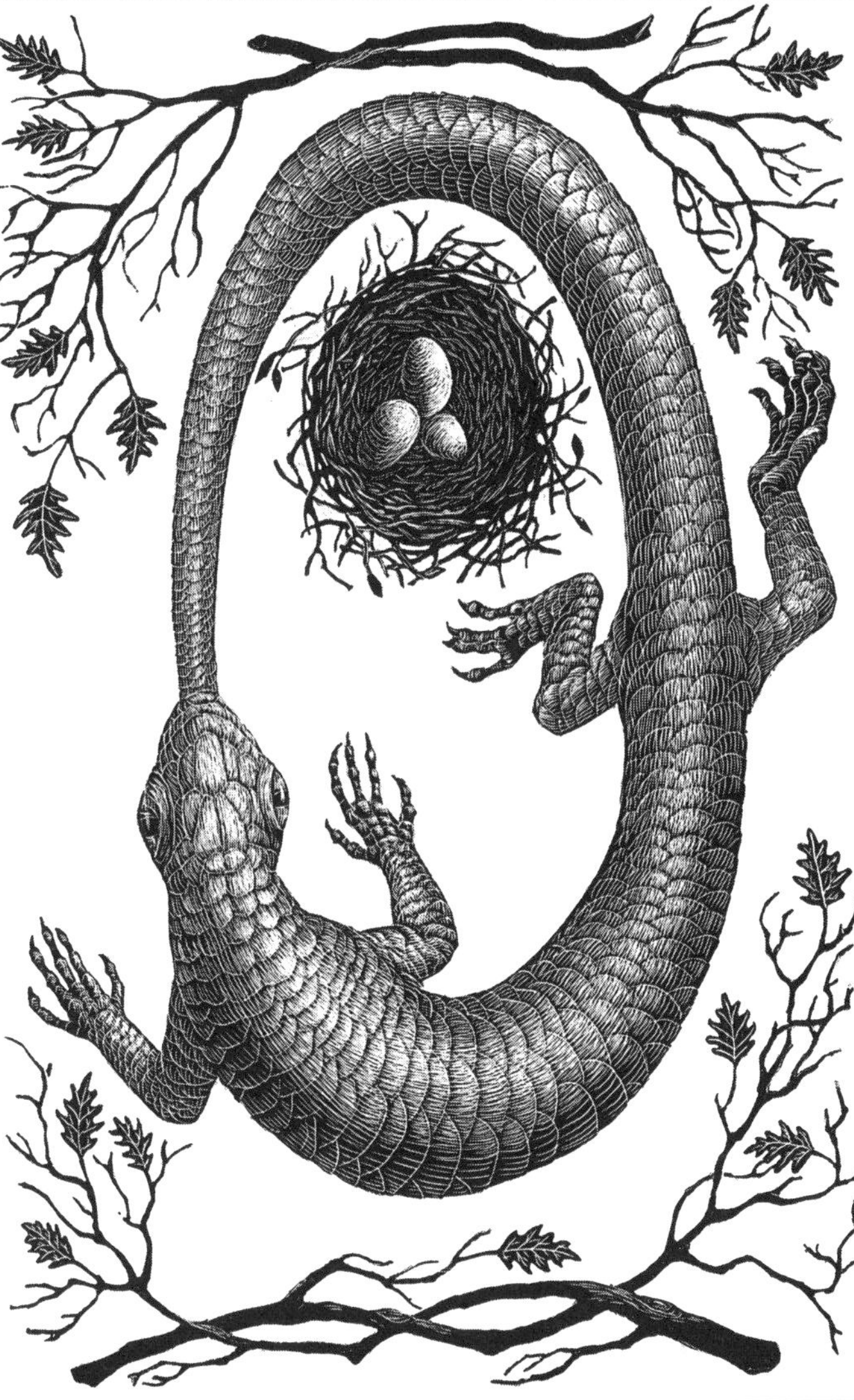

THE INDESTRUCTIBLE

私にとっては幸運なことに、調べるべき資料はたっぷりあった。自伝のほかにも、デイヴィッドが書いた文書は数多く残っている。児童書、哲学的エッセイ、詩、風刺文、日誌、魚類採集の指南書、ユーモアに関する本、禁酒に関する本、外交に関する本、大学のシラバス、論説などなど。書籍は全部で50冊以上、その他の文書も何百件とある。

まずは児童書から読んでみることにした。児童書にはたいてい道徳の教えがこめられているものだ。「ワシと、青しっぽのスキンク」（未訳）[1]（「スカンク」ではない。「スキンク」はトカゲのことだ）という作品では、1羽のワシが空からさっと舞い降りてきて、トカゲの青いしっぽをちぎりとる。傷を負ったトカゲは仕返しに、木に登ってワシの巣を荒らし、卵を喰らう。「卵の中の肉をこれだけ食べれば、俺のしっぽもまた生える」。それが何度も続く。ワシが舞い降り、また青しっぽをちぎり、トカゲはまた巣を荒らして卵を喰らう。

同じことを繰り返しても、どちらも完全な敗北には至らない。なぜなら、デイヴィッドいわく、いつでも「新しいしっぽになる肉」があったからだ。「それからまた卵、それからまたしっぽ」。復讐のむなしさを語っているようにも思えるが、もしかしたら、厳然たる物理の法則を表現しているのかもしれない。質量保存の法則だ。質量は作られもせず破壊されもせず、総量はずっと変わらない。

デイヴィッドが書いたお話はほとんどがこういう感じだった。宇宙の厳しい法則から誰一人逃れることのできない、情け容赦のない世界を描き出す。別のお話では、バーバラという女の子がコヨーテの襲来を受ける。(2) コヨーテはある夜、窓から彼女の部屋に忍び込んできた。必死の攻防戦がひとしきり続き、最後にバーバラが人形をつかんで、コヨーテの咽喉の奥深くまでぐいぐいつっこむ。コヨーテはたまらずむせかえり、そのはずみに（体積が減少すれば圧力が高まるという「ボイルの法則」をコミカルに実証する形で）頭部がポンとはじけ飛ぶ。

子どもであろうと、魔法なんて使わない。物理の法則を独創的に利用してサバイバルするのだ。

デイヴィッドが作ったお話に、私が頼るべき秘密の方程式は見つからなかった。

私は次に「エセ科学」に関する風刺文に移った。最初は超心理科学者たちに向けてからかい半分の軽いジャブを放っているが、だんだんと、「真実を真理ではないと信じたがる」(3) 者たちが社会を没落させるという持論が展開されていく。苦難も、病気も、無知も、戦争も、デイヴィッドいわく、根本にはそうした非現実的な思想がある。(4) １９２４年に『サイエンス』誌に寄稿した「科学とエセ科学」という論稿では、16世紀の天文学者ジョルダーノ・ブルーノを英雄として賛美した[5]。地球は宇宙の中心ではないと主張して火あぶりの刑に処された人物だ。伝説によれば、死刑を執行される前、ブルーノはこう言ったという。「無知とは、この世でもっとも楽しい科学だ。努力も痛みもなく獲得できるし、憂鬱な思いを遠ざけておける」[6]

デイヴィッドはこの引用を用いることで、気楽に生きたいがために真理を締め出すことを選ぶのであれば、読者もブルーノを処刑した人々と同罪である、と警告した。

デイヴィッドの言葉は、いっそう私の父の声に似てくるようだった。生きるというのは、とにもかくにも自分は取るに足りない存在だと認めること、そこから自分で自分の意味を作っていくことなのだ。

調べれば調べるほど、必ずと言っていいほど、そうした主張が目に入ってくる。思い上がりへの批判。都合のよい魔法を信じる思考への厳しい警告。進化をテーマにした講義のシラバスでも、セクションをまるごと1つ割いて、宇宙から見れば人間がいかに無力であるかと説いている。

「自然は決して人の思うようになどさせない」「自然を手懐けることはできない」「自然の法則は不変」「それに従わない者は空気の棍棒を振り回しているだけだ」[7]。こんな表現をちりばめた痛烈な非難を書きながら、彼が握りしめたこぶしを高く掲げる様子が目に浮かぶ。宇宙から見ればまったく無力であるこぶしを。

禁酒に関する論稿にも、同様の視点が見てとれる。酒や薬物に強固に反対した理由は、薬物などを摂取すると実際よりも自分がパワフルだという気持ちになってしまうからだ。デイヴィッドの表現を借りれば、「神経系に嘘をつかせる」[8]。酒を飲むと、「本当は寒いのに暖かく感じ、何の保証もないのに安心し、人間形成の本質たる抑制や遠慮といったものから解放された気分になる」。言い換えれば、自分を甘い目で見ることで、人は自身の成長に歯止めをかける。同じ場所で停滞したまま、進歩のないまま、道徳的にも未熟なまま。悲しきずだ袋へと一直線だ。

これが本当に彼の世界観だったのだとすれば、彼がこれほどまでに人間の過信を警戒していたのであれば、あの執拗な粘り強さはいったいどこからひねり出されていたのだろう？　すべてが失われ、こなごなに砕け、希望が消え去ったと思える最悪の日々においても、どうやって彼は立ち上がり、ドアを出て、外の世界に歩き出ることができたのだろう？

さまざまな資料を経て、私はようやく、私を導いてくれるヒントとして一番有望そうな資料に手をつけた。『絶望の哲学』（未訳）と題された、小さな黒い本。この中でデイヴィッドは、科学の視点に伴う問題を告白している。

科学の視点を人生の意味に向けると、それはたった1つの結論、すべては無意味であるという結末にならざるを得ない。「私たちが熾《おこ》す火は炭になって消える。私たちが築く城は眼前で崩れる。川は砂漠の砂に沈む（……）どの方向を向いても、命の航路は絶望の比喩に行きつく」[9]。だとすれば、人はいったいどうすれば、そんな圧倒的な絶望でつぶれずにいられるのか。

ピューリタンとして、デイヴィッドは、手を怠けさせるなと説いた。「労働に励み、きちんと健康を保つこと」[11]と彼は書く。そうすれば「魂の痛み」は「霧消する」[10]のだ。救済はわれらの肉体の力にある。同時期に書いた講義シラバスでは「動く、助ける、労働する、愛する、闘う、克服することで幸せは訪れる」[12]と書いた。「人間がもつ機能をしっかり働かせ、能動的に活動する」ことが必要なのだ。

考え込みすぎるな、と彼は言いたかったらしい。旅路を楽しめばいい。ささやかなものを愛でればいい。桃の「官能的な」味わいを、[13] 熱帯魚の「絢爛豪華な」カラフルさを、[14] 運動をした身体にみなぎる「戦士の興奮」を堪能すればいい。[15]

『絶望の哲学』の終わりのほうで、彼は哲学者ソローの言葉だという一節を書いている。「この世の中で――どんな世の中であろうと――あなたに一番やさしいのは、あなたの足の下のひとまとまりの芝生だ。それ以外に希望など何もない」[16] だから今を生きろと読者を鼓舞する。「今日、たった今、この場所以上に空が青く、草が緑で、日差しが明るく、日陰がやさしい場所はどこにもない」

でも、どうにもならない日が続いたら、どうすればいい？

デイヴィッドは、どうにもならない人生にあえぐ者への共感など、露ほども持ち合わせていない。絶望とは選択の問題である、というのが『絶望の哲学』の究極的な結論だ。青年期ならば苦しむのが自然だと述べつつも、それをぐずぐず乗り越えられない人間にはあざけりの目を向ける。彼らは怠けているにすぎないのだ。他人の気を引こうとめそめそし、「かわいそうな自分になりきる流行」[17] に乗っかって、物語に出てくる「悲しい王様」[18] を気取っている。そういう人たちは死臭がする、とデイヴィッドは非難する。口から腐敗臭を漂わせているのだ。

どうにもならないことに思い悩むのは、進化によって人間に与えられた貴重な生の浪費にすぎない。多くのすばらしい感動を味わわせ、多くの科学的難問を解決させてくれる、大切な生命力を無駄にしている。探究心を持たない生き方は、「身体は生きていても死んでいる」[19]も同然だ。

いたたまれない気持ちがふくれあがってきた。このいたたまれなさは前にも体験している。極寒の湖に腹打ち飛び込みをした父が、寒さでこわばった笑顔で浮上し、雄たけびをあげる様子を見ていたときの気持ちと同じだ。

なぜ私は父のように生きられないのか。どこで間違えているのか。答えを必死に探して、私はデイヴィッドの資料を読み進めた。衛生について、ユーモアについて、外交について、平和主義についての彼の辛辣な文章を、彼の詩を、彼の講義ノートを、酒や化粧や戦争を批判する彼の論稿を、くまなく読み漁った。そしてとうとう、ある日の午後に、探していたものとめぐりあった。

心をむしばむ恐怖への解毒剤。希望を抱くためのレシピ。「進化の哲学」と題する講義のために書かれたシラバスの最後の最後に、それは埋め込まれていた。彼はある日の講義で、まさに私が抱える疑問、科学の世界観を受け入れることに伴う問題を論じていたのだ。「このような視点で生命を見ることは、人生を悲観することに通じるのか」[20]という命題を掘り下げたすえ、最後に、彼は学生たちに魔法の呪文をかけている。カオスの非情さを弱める手段。クーリエ書体でタイプされたその呪文は、単語で言えばたった8単語だ。

「このように見れば、生命とは壮麗である（There is grandeur in this view of life.）」

背筋が凍った。ここに来てこれか。父と同じ手か。父の机の向こうに額装されて掲げられている言葉だ。ダーウィンによる強烈な宣言。私の父と似たところの多いデイヴィッド・スター・ジョーダン――同じように大胆不敵で、同じように希望に満ち、同じように強い信念を抱いていた――は、結局のところ、私に対して差し出すものも父と代わり映えしなかった。私がずっと言われてきたことを再認識させただけ。

生命とは壮麗であり、そのように見えないのであれば、そんな自分を恥じるべきなのだ。

私は、私に希望を抱かせてくれる最大のヘルプを求めた。飲もう。赤ワインでも、ビールでも、ウイスキーでも。なんだっていい。シカゴに来て2か月が経ち、12月になっていた。

★
★
★

フリーランスのサイエンスジャーナリストとして、科学をテーマにしたブログを書き、ラジオ用のストーリーを手当たりしだいに書いて応募する日々だった。コオロギの暴力性に関する原稿。人間の暴力性に関する原稿。ダニの暴力性に関する原稿。

夜になるとヘザーと一緒に料理をして、映画を見て、ときには語り合ったりした。どれもこれもアルコールの入った飲み物が一緒だ。1杯。また1杯。そしてまた1杯。何の保証もないのに安心で、あたたかくもないのにほっとしていられた。笑うこともできた。タガが外れたみたいに笑った。翌朝になって目が覚めると、もちろん世界はどんよりとわびしい場所に戻っている。もちろん顔はひどくむくんで不細工だ。それでもなんとか夜までしのげばそれでよかった。また全部吹き飛ばせばそれでよかった。

ある夜、ロジャースパークのバーで、友人のスタンツィに会った。一緒に黒ビールをオーダーして、仕事について話をした。彼女は詩をテーマにしたラジオ番組の制作にかかわっているという。頭に描くことと言葉にすることの違いについて私たちは語り合った。自分の言葉が相手に届かず、その手前でぺしゃっと落ちていくさまを見守るのが、どれほどつらいことか。頭の中に思いや考えがあるのに、それを吐き出すすべが見つからないことが、どれほど寂しいか。ごく少数の人が自分を理解してくれるように思えたとき、それがどれほど危険なパワーをもつことか。

私は彼女に、デイヴィッド・スター・ジョーダンに関する私自身の執着について語った。地震と縫い針について語った。「要するに、どうして、っていう問題なのよね」と私。「人間をそんなふうに突き進ませるものって何なんだろう、って」

そのときの彼女は「うーん」と言っただけで、私はちょっと気持ちがそがれた。けれど翌日の午後、彼女からメールで長い返事が来た。

あなたが話してくれたことだけど——大事に築いてきたこと、大切なことが何もかも台無しになったとき、人の気力をもう一度奮い立たせて前へ進ませるものは何なのか。カフカが、それを「不壊《ふえ》なるもの」と呼んでる。一人ひとりの心の内側にあって、本人が好むと好まざるとにかかわらず、人を突き動かすもの。楽観的かどうかとは関係ない。楽観主義よりもずっと深くて、ずっと無意識的。人はそれを希望と言ったり、志と言ったりして、奥底にあるものと向き合わずに済むような記号で隠している。でも、もしも、そういう余計な仮面をすべて剝ぎ取ったなら（もしくは、剝ぎ取らざるを得ない状況に置かれたならば）、不壊である、という一言に集約される。

カフカに言わせれば、それは楽観的とか喜ばしいという話じゃない。むしろ人を壊し、人を破滅させることもある。

だから、続けていくしかない。

不壊なるもの。私の中で腹落ちする感覚があった。絶妙な言葉だと思った。私は自分が台無しにしてしまった現実が元通りになるという希望にしがみつき続けているけれど、そんな私はどうかしているのか、という問いの答えは出さなくていいことになるからだ。この執着は不壊なのだから、背いてはいけない。背いたら最後、私が壊されるだけなのだ。

とはいえ、これがデイヴィッド・スター・ジョーダンに当てはまるとは思えなかった。こんな理屈、愚か者の勘違いだと思えたからだ。夢見がちな者たち——現実から目を背けさせてくれるものを追い求めて、悲しい王様を気取りたがる者たちだけが、こんな理屈にしがみつくのではないのか。デイヴィッド・スター・ジョーダンは違う。彼のライフワーク全体が、そのような願望が人の目を曇らせることを阻止すべく、なんとかして曇りを晴らそうと邁進することだったはずだ。

確かめなければならない。私は彼の自伝に戻った。新たに知った「不壊なるもの」という言葉を武器に――以前の私には響かなかったヒントが見えてくるかもしれない――エビデンスを探した。デイヴィッド自身の記述の中に、不壊なるものが隠れているのではないか。兄ルーファスの死、スーザンの死、バーバラの死、稲妻の直撃、地震について書かれた箇所を読み直し、そして私は見つけた。

それは長い引用の中に埋もれていた。地震からわずか数日後にデイヴィッドが個人的に書き留めた文章を、自伝に引用している部分だ。彼自身まだ状況を把握できない段階にありながら、サンフランシスコの街に生じた損害の範囲をなんとか整理しようとしている。

人類が何かを計画し、何かを作るということを始めてから、その努力の結果がこれほどまでに壊滅的に踏みにじられたことは過去になかった。しかし、この甚大な惨事が人に味わわせた落胆など、どれほどちっぽけなものであることか。人は希望に満ち、勇気に満ち、当人と未来への自信をみなぎらせる。人は生き残るのだ。運命を決めるのは人の意志なのだ。

地震は人を揺るがすことはできない。火災は人を焼きつくすことはできない。建てた家がもろく崩れても、その者は家の外に立ち、もう一度家を建てる。偉大な街を作るのはすばらしいことだが、それよりもさらにすばらしいのは、それが街であり、街は人で成り立つということだ。人はつねにみずからが作り出したものの上に立つ。人が行いうるあらゆるものごとよりも、人の内にあるものは大きい。[21]

なんという朗々たる宣戦布告だろう。なんと熱く背中を叩き、強く肩を抱く言葉だろう。けれど1つだけ小さな問題がある。デイヴィッドの言葉を詳細に検《あらた》めてみれば、その問題が見つかる。真珠の姿をした、ほんの小さな一粒の嘘。

運命を決めるのは人の意志。

それは、決して言ってはいけないとデイヴィッド自身が確信していた類の嘘だ。そういう嘘が害悪をもたらすと彼自身が警告していた。その嘘をつぶすことに彼はキャリアのすべてを捧げてきた——自然は、決して人の思うようになどさせないのだ。そんなことができるかのような言い方をするなんて。それは、命をかけて闘わねばならないと彼自身が言っていた「嘘」にほかならない。

デイヴィッド・スター・ジョーダンでさえ、絶望に呑み込まれないためには、その嘘を真理だと信じずにはいられなかったのだ。

第8章
妄想

ON DELUSION

そこには確かに嘘があった。研究室に散らばったガラスの破片を掃き集めながら、台無しになった人生をふたたびつなぎあわせる試みを始めながら、デイヴィッド・スター・ジョーダンが自分自身に言い聞かせていた言葉の中に。

運命を決めるのは人の意志。

彼がそれまでに掲げてきたことを振り返れば、このような嘘を自分に許したと知るのはショッキングだったし、意外でもあった。けれど、彼が最終的には標本コレクションの多くを救出したという事実、何千という標本が１世紀後の今でも残っているという事実、あらゆる尺度に照らしてデイヴィッド・スター・ジョーダンの人生は特異な成功者のそれである——２人の妻を迎え、２つの大学で学長となり、数々の賞を授与され、イヌに乗るサルやラテン語を喋るオウムまでいる楽園を有し、分類学を愛する子どもたちにも恵まれた——事実を吟味するにつけ、私は、自分に都合のいい嘘をつくことはそれほど悪くないのではないかと思い始めた。

もしかしたら、デイヴィッドも、私の父も、人間が思い上がることに対してそれほど厳しいモラリストになる必要はなかったのかもしれない。絶対に避けねばならぬ罪と呼ぶほどのことではないのかもしれない。

私自身のモラルがどうであるかはいったん脇に置いて、とりあえず、専門家がこの問題をどう考えているか調べてみることにした。デイヴィッドは、そして私の父は、真実と異なることを真理だと信じ込むのは危険だと警告していたが、そうした妄想は本当に危ないことなのだろうか。

昔から、社会における道徳の権威者たちは、妄想は危険だと主張してきた。聖書は確かに自己欺瞞《ぎまん》を戒めている。思い上がりは大罪であり、思い上がりを慎む者にはご褒美が与えられるのだ。「心の貧しい人々は、幸いである」「天の国はその人たちのものである」［訳注：新約聖書「マタイによる福音書」5章3節。『聖書　新共同訳』日本聖書協会］

古代ギリシャ人が尊大さを戒めていたことも有名だ——彼らが語った神話において、イカロスという名の青年は蝋で翼を作り、その翼で太陽に近づくという思い上がった行為におよんだせいで、空の高みから落下する。

18世紀ヨーロッパで主流となった啓蒙思想では、哲学者ヴォルテールが楽観主義を非難し、苦しみから目を背けさせる狡猾な悪魔だと論じた。20世紀を迎える頃には医学の専門家たちも同じ主張をするようになっていた。フロイト、マズロー、エリクソンといった影響力ある心理学者が、妄想は精神障害であるとみなした。(1) 認知に問題があるのだから治療によって修正すべきだ、と。欺瞞や妄想ではない正しい自己認識をもてるかどうかが、「精神衛生の状態を示す絶対的な指標」(2) なのだった。

けれど、激動の20世紀の進行とともに、臨床心理士たちは奇妙なことに気づき始めた。彼らの患者の中でも健全な者たち——順調な人生を送り、挫折を経てもさほど時間をかけずに回復し、仕事を得て、友人を得て、愛する人を得て、人生という回転木馬の金の輪をすべてつかんでいる者たちこそが、自分自身に対してバラ色の妄想を抱いているように見えたのだ。

1970年代には一部の研究者たちが、それが本当かどうか確かめる実験を始めた。すると、精神が健全な状態にある人間が自分のことを実際以上に魅力的で、実際以上に親切で知的で、偶然の出来事（サイコロを転がす、当たりくじを引くなど）も自分の実力のうちだと考えていることが再三にわたり確認された。(3) 過去を振り返ったときには、自分の失敗よりも成功のことを容易に思い出す。未来について考えるときには、友人や同級生よりも自分のほうが成功する確率が高いと推測する。

それではクイズです。大昔から大切にされてきた「正しい自己認識」を備えていたのは、いったい誰だったでしょう？

医学的に鬱と診断されていた人たち。はい、ご名答。[4]

現実と乖離《かいり》したバラ色の妄想を抱かない人たちは、生きることに苦しみ、挫折から立ち直ることが難しく、たいてい仕事も人間関係もうまくいっていなかった。

そういうわけで、『精神疾患の診断・統計マニュアル』（ＤＳＭ）に、いくつかの修正が書き込まれた。これまで不健全の欄にあった特徴のいくつかが、健全の欄に移動した。「デリュージョン（妄想）」という言葉の毒気が抜かれ、「ポジティブ・イリュージョン（肯定的な幻想）」という言葉になった。１９８０年代後半には、心理学者シェリー・テイラーとジョナサン・ブラウンが、ポジティブにゆがんだ世界観をもって生きることのさまざまな利点を示す研究を２００件以上も分析した画期的な論文を発表した。これが大きな引き金となり、自己欺瞞をよしとする見解が広く受け入れられるようになった。多少の自己欺瞞は、いい意味で、人が倒れないように支えてくれる背骨になるのだ。[5]

こうしたことはあなたもこれまでに耳にしているかもしれない。でも、健全な人間がもつべき自己認識に対する評価が変化した結果として、精神科の診察室で行われる手法が変わったことは知っていただろうか。「ストーリー編集」や「リフレーミング」といったテクニックで、患者をやさしく促し、本人の自己認識をバラ色のものへと書き換えさせる試みが行われるようになったのだ。

もちろん嘘をつくのはあくまで適度な範囲でなければならない。過度な自己否定や妄想は不適応、すなわち好ましくない影響をおよぼしうることは多くの研究で明らかになっている。でも、やさしい嘘、罪のない嘘、ちょっとだけ明るい嘘なら？　それならおおいに良い影響になるはずだ。苦しんでいる人に、自分自身について少しポジティブな言葉で語らせることができるなら――私は本当はもっと強い人間で、本当はもっとやさしい人間で、人間関係が壊れたのはたぶんそんなに私のせいじゃない――本人の生きやすさは大きく変わってくるのではないか。

ヴァージニア大学の心理学者ティム・ウィルソンは、語り方をほんの少し調整するだけでどれほど人生が変わるか、そのテーマで1冊の本を上梓した。著書『リダイレクト』（未訳）では、もっともドラマチックな効果がいくつか紹介されている。

「ストーリー編集介入」の被験者となった学生は、そうでない被験者よりも成績がよくなり、退学率が低くなり、その後の年月の健康状態すらもよい傾向があった。同じくストーリー編集介入を受けた労働者は、休まずに働くようになった。トラウマを抱える人に、起きた出来事のストーリーを少し書き換えることを教えると、心の落ち着きを比較的早く取り戻すことができる。(6)

「自分に嘘をついているという点は重要ではないんですか？」と、私はウィルソン教授に問いかけた。

「それで何か害がありますか？」というのが教授の返答だ。(7)「その嘘で恐怖を克服することができ、将来の不適応な行動につながらないのであれば、問題はないのではないでしょうか」

「小さな嘘で大きな効果がある？」

「そうですね」

★　★　★

メリー・ポピンズの底なし袋からすてきな魔法が飛び出してくるかのような、(8)ポジティブ・イリュージョンがもたらしてくれるすばらしいことの数々――心が満たされ、仕事も人間関係もうまくいき、身体も健康になる(9)――について読んでいるうちに、しだいに思い浮かんできたことがあった。

「アリより大事な存在じゃない」という表現まで使って、おのれの存在は無価値だと理解させようとした父のこだわりのせいで、私は道を見失ってしまったのではないか。自分は実際より強い人間だと思い込める能力こそ、人類の進化がもたらした最大の贈り物なのではないか。

心理学者たちが言うように、生きるというのは過酷だ。この世界には基本的に、思いやりなどというものはない。どれだけ努力しようと成功は約束されないし、競わなければならない相手は何十億人もいるし、さまざまな要因で自分などあっというまに吹き飛んでしまう。そうした事実を知り、どんなに愛したものでもいずれすべて壊れて消えていくということを知りながら、人は生きていかなければならない。

小さな嘘はその痛みを多少なりともやわらげる。試練に直面しても進み続けられるように背中を押す。ときには偶然に、そんな人生で勝ち組とならせてくれる。

めまぐるしい時代だった1980年代には、自尊心万歳、というのが社会の合言葉のようなものになった。リストバンドやネオンカラーのTシャツにそうしたメッセージがプリントされ、子どもの自尊心を高めよと謳う育児書が次々と出版され、飛ぶように売れた。以前は不健全だと思われていたことが、いまや精神科の治療法になり、教師の指導要綱にもでかでかと記され、小学校の授業に取り入れられるようになった。(10)

1990年代になると、ポグ〔訳注：アメリカ版のめんこ〕が流行り、トレーディングカードが流行り、そしてアメリカ国立精神衛生研究所（NIH）のレポートにこんな文言が記載された。

「現実的に予想される以上に自分の未来をバラ色だと信じることによって、よい心理効果が生じるという点は、多くのエビデンスに示唆されている。こうした楽観主義は人を前向きな気持ちにさせ、未来の目標に向けて努力する意欲を抱かせ、創造性や仕事の生産性を高め、自分の運命を自分の手で握っているという感覚を生じさせる」(11)

2000年代初期に、高校で数学を教えていた1人の女性が、心理学で博士号取得を目指そうと決意した。彼女の名前はアンジェラ・ダックワース。数年前から、うまくやれる生徒とそうでない生徒がいることを不思議に思っていた。(12)うまくやれる生徒は何が違うのか知りたいと考えた彼女は、魔法の性質らしきものを突き止め、それを「GRIT（やり抜く力）」と名付けた。

GRIT。「辛抱強さ」を少しキャッチーに言い換えた言葉だ。GRIT。たとえ「よい評価」が伴わなくても「非常に長期的な目的」[13]のためにがんばれる力。GRIT。壁に自分の頭を何度でも打ちつけ続けられる能力。陸軍士官学校の士官生たちに、CEOたちに、あらゆる職業でトップを走る人々にはGRITがあるのだとダックワースは考えた。ミュージシャン。アスリート。シェフ。[14]才能、創造性、やさしさ、IQが足りなくたっていいのだ。純粋なGRITがあれば、人は前に進み続ける。

そんなGRITを獲得させてくれる、ちょっとした認知のバグが、ポジティブ・イリュージョンというわけだ。[15]別の研究では、ポジティブ・イリュージョンをもつ人は挫折を経験しても絶望しにくいことが明らかになっている。[16]

GRITにはさまざまな特質があるが、もっとも重要な特質がそこだ。打ちのめされても前に進み、いつか報われるという保証が皆無でも粘り続ける。ダックワースの表現を借りるなら、「挫折や逆境に見舞われ、進歩の停滞期にあったとしても、何年も努力や意欲を維持していく」[17]力になる。

おそらくＧＲＩＴの一番よい部分、一番希望に満ちた部分、アメリカンドリームと一番うまく合致する部分は、これが生得的なものではないらしいという点だった。ＧＲＩＴという、夢を現実にする魔法の性質は、後天的に学び取ることが可能なのだ！

昨今ではアマゾンの検索バーに「ＧＲＩＴ」と打ち込むと、関連するハウツー本の一覧が延々と表示される。

『ＧＲＩＴ：あきらめたくなるときにもがんばり続ける方法』
『ＧＲＩＴ：やり抜き、活躍し、成功する条件を解き明かす新しい科学』
『ＧＲＩＴからＧＲＥＡＴへ：やり抜く力、情熱、引き寄せる力で、ふつうの自分から特別な自分になる』（いずれも未訳）

書籍だけではない。検索結果にはサプリ商品も出てくる。黒いボトルに蛍光グリーンの文字で、「いざというときのＧＲＩＴブースター」と書いてある。中に入っている１２０粒の錠剤は、「科学的根拠があり、研究にもとづいた、成分完全公開の、必ず結果を出すサプリメント」なのだそうだ。「ジムでも」「喧嘩でも」負けない強さを発揮させてくれるらしい。

★ ★ ★

私は、最初に見つけたデイヴィッド・スター・ジョーダンの写真を思い出した。白髪がおとなしくなでつけられずに撥ね上がり、目は鋭く厳しかった。

彼が誇らしげに書いていた「楽観主義の盾」のこと、どんなに運の悪い日でも「鼻歌を歌いながらアーケードを歩」いていたという同僚の言葉も思い出した。多くの意味で、彼はまさにGRITの申し子だ。ダックワースによるGRITの定義をほぼそのままなぞるかのように、デイヴィッドは自分自身についてこう説明している。「望ましい結果に向けてひたすら頑固に取り組む。最終的な結果がどうであれ、それは落ち着いて受け止める。それが私の性分だ。私は、不運な出来事のことは、過ぎてしまえば思い煩ったりしない」(18)

実際、彼が生涯を通じて、自身の身に起きた不幸をそのつどそのつど跳ね返してきたことははっきりとわかる。グリム童話に出てくる小鬼ルンペルシュティルツヒェンが、本名以外のすべての呼び名を受け流したように、拒絶だろうと侮辱だろうと失敗だろうと、自分を非難するすべての言葉を賛辞に転換する力があった。

自伝の中でも、一連の失態を自己賛美へあっさり切り替えて書いている。大学の植物学で表彰されなかったのは、本人いわく、彼の思考があまりに広大すぎて標準化されたテストには収まりきらなかったから。昆虫学で賞をもらわなかったのは、彼が寛大すぎたから（自分よりも貧乏な学生のために、賞金をもらえる立場から「身を引いた」）。フランス史で受賞を逃した理由は、倫理感がありすぎたから（選抜ルールが「アンフェア」だと判断してチャンスを放棄した）[19]。

歴史家のルーサー・スピアーもこうした傾向を指摘している。デイヴィッドには、自分のイメージを傷つけかねない情報を巧みに編集または省略する才覚があった[20]。

自分に対する人格批判の芽を彼が手際よく摘み取っていく様子には驚かされる。息を呑むと言ってもいい。アクロバットのパフォーマンスで、絶対無理としか思えない宙返りの技を目撃させられているようだ。

愛弟子のセックススキャンダルという醜い事実をつきつけられたときも、アクロバットの腕のみせどころだった。この一件を切り抜けられるのか。自分と助手たちの高尚なビジョンをこんなスキャンダルで汚さずに済ませられるのか。デイヴィッドは何もない空間で巧みに空中ブランコをつかみ、わが身の落下をまぬがれている。告発者を「性的倒錯」[21]で告発し返せばいい！　お見事——まんまと告発者は消え去った。

ジェーン・スタンフォードがコネ採用を批判してきたときも同様だ。デイヴィッドは「学部で働きたいと望む人たちの応募書類がたっぷり入った」[22]かばんを開きもしなかったことを認めつつ、それは大学を救うためにしたことだと述べている。自分の友人たちは国内最高の科学者なのだから、そうでない人の採用を検討する意味がない、と。批判への答弁が一瞬にして彼の功績の話にすりかわっている。

デイヴィッドが批判を次から次へと打ち返す様子を見ていると、しだいに、そもそも彼は批判のトゲを感じていたのだろうかという疑問がわいてくる。あるいは、いつでも巧みに最強の盾を構えられるおかげで、トゲが彼の心臓《ハート》に届くことが一度もなかったのか。

真実がどうであったにせよ、本人にとってはこうした姿勢が有効だった。妻を失ったら、すぐに次の妻を見つける。魚のコレクションを失ったら、すぐにもっと大規模に採集を進める。昇進もトントン拍子。教師としての功績を称えられ、魚類学での実績を称えられ、高等教育への貢献を称えられ、賞やメダルが続々と集まってくる。まさにポジティブ・イリュージョンの錬金術を見せられているかのようだ。

小さな嘘が銅に変わり、銀に変わり、金に変わる。謙虚であれと求める数千年前の警告など忘れてしまえ——おそらく、この錬金術は、神を介さないシステムなのだ。

おそらく、デイヴィッド・スター・ジョーダンは、尊大さの維持こそ絶望を跳ね返す最善の道だという証拠なのだ。

★ ★ ★

「いつの時代にも、その時代ならではの狂気がある」[23]と、イギリスの歴史家ロイ・ポーターは書いた。

そうだとすれば、私たちの時代に蔓延する狂気とは、何だろう。

この国は、この国で育つ子どもらに、都合よく現実を無視してよいと教えている。がんばり続けるためならどれだけ自己イメージをゆがめてもよいと呼びかけている。そんなふうにバラ色の眼鏡をかけて生きることに、何かデメリットはないのだろうか。

実のところ、少数ではあるものの、世界各地の研究者たちがこの問題を調べている。彼らの調査手法を想像するのはとても楽しい。自信たっぷりな被験者を選び、オフィスや校庭にいる彼らのあとをついて回り、手にしたクリップボードで観察記録をとって、人間関係に見られる短所を徹底的に洗い出すのだ。

実際の研究結果の数々を見ると、ポジティブ・イリュージョンは良い効果ばかりもたらすという主張には疑いが生じてくる。たとえば心理学者デルロイ・ポールフスの調査対象となった学生たちは、当初は肥大した自尊感情をもつ学生をまぶしく感じるものの、しだいにうとましく思い始め、そうした学生に対して低い評価をつけるようになることが確認された。[24]

組織心理学者トマス・チャモロ＝プリミュージックは、自信過剰が職場で深刻なコストをもたらすとつきとめている。[25]

ポジティブ・イリュージョンを身体的健康と関連づけた研究の中でも、もっとも広く引用されている論文の1本は、のちに研究内容のミスが発覚し、実験結果が有意なものとは認められなくなった。[26]

「自己高揚」に関する論文数百本でメタ分析を行った心理学者マイケル・ダフナーは、自信過剰な態度がいずれ周囲を敬遠させる可能性を指摘している。本人は自覚しないかもしれないが、コミュニティ内でよく思われることによって得られる利点を、むしろ失っていくのだ。[27] 掃除道具を貸してもらいにくくなるとか、持ち寄りパーティに誘われることが減るとか、就職活動で好意的な推薦がもらえなくなるとか。

社会的に損をするだけではない。バラ色妄想バブルのぶあつい壁の内側で、ひずみは少しずつ蓄積していく。

親子間の愛着について調べたウィルベルタ・ドノヴァンの研究によれば、自分は何でもちゃんとコントロールできると思っている女性が母になると、悲観的な女性の場合と比べて、赤ん坊が泣き止まないときに強い無力感を抱きやすいのだという。[28]

リチャード・ロビンスとジェニファー・ビアーの研究で、大学生を対象に4年にわたる調査を行ったところ、ポジティブ・イリュージョンのレベルが高い学生のほうが短期的には幸福感が強いが（自分は実際以上に上首尾に物事をこなせると思っているため）、徐々にウェルビーイングの自己評価が大きく下がることが確認された。ポジティブ・イリュージョンを抱くことで失望の墓穴を掘っている――というのがロビンスとビアーの説明だ。「短期的には利点があるが、長期的には代償を伴う」。[29] 嘘に追いつかれる、と言ってもいいだろう。

バラ色の眼鏡の威力には限界があるらしい。威力が尽きたときには、自分は無力だという事実が激しく突き刺さる。

私の頭の中で、こうした心理学者たちは寄せ集めの応援団に見え始めた。自尊心を低めにしておくために応援するチアリーダーだ。

ふつうのチアなら派手で楽し気なポンポンを持つけれど、こちらのポンポンは地味でぐんにゃり。

ふつうのチアなら高らかに声を張り上げるけれど、こちらのコール&レスポンスはぼそぼそ声。

「身の程を知ろう！　陰気でいよう！」

「一番は誰？——おまえじゃない！」

陰気応援団の団長は、きっと心理学者のロイ・バウマイスターだ。彼は攻撃性の心理的要因について調べ始めたときに、この見解に行き当たった。最初は「自尊心が低いと攻撃的になる」(30)という一般常識を確かめるという意図で、自尊感情のレベルが異なるさまざまな学生を被験者として実験をした。彼らをわざと侮辱して、誰がそれに対して攻撃性を示すか調べるのだ。(31)この場合の攻撃性は、人に対して感じの悪い声や音をどれだけ大きく発するかという指標で調べている。どうなるかどうならないか、それが問題だ、というわけだ。

結果はショッキングなものだった。子どもの自尊感情を高める取り組みが広く推奨されていた時代の直後だったので、バウマイスター自身もおおいにまごついたという。

結果を見る限り、自分自身を高く買っている被験者ほど、わざと大きな声や音を立てて当たり散らす傾向があった。バウマイスターとブラッド・J・ブッシュマンの共著論文では、鬱状態の被験者は侮辱の内容を自覚していたからだ、と解釈している。自尊心の低い人は、誰かに「おまえはクズだ」と言われると、「そのとおりだ」と考え、引き下がる。一方、自尊心が肥大化している人は自分を信じているので、真実ではないことを言われたと受け止め、やり返すことを選ぶ[32]。

「攻撃をする人は往々にして自己評価が高い」[33]とバウマイスターらの論文は指摘している。「国粋主義的な帝国主義も、『支配民族《マスターレース》』のイデオロギーも、貴族の決闘も、子どものいじめも、チンピラの因縁も同じ理屈だ」

そしてデイヴィッド・スター・ジョーダンも。

みずからの手で自然界のカオスを制圧できると信じるだなんて、そんな特殊なポジティブ・イリュージョンを彼以上に固く信じる人間が、ほかにどれだけいることだろう。

たとえばフィデル・カストロは当てはまるかもしれない。カストロはキューバを嵐から守るために国全体を囲む防壁の建設を提案した[34]。元モスクワ市長ユーリ・ルシコフは、上空でセメント粉末を散布し人工降雨を起こすことで雪を降らせまいとした。[35] 壁やセメントで防ぐという話なら、数年前のアメリカでも例がある。権力の座についた一人の男が、雨や風と同じくらい避けがたく、雨や風のように実りをもたらすものを排除するために、コンクリート製か鉄製かは知らないけれど、[37] とにかく「物理的に立ち塞がる」[36] 壁を建てようとした。

バウマイスターとブッシュマンの論文は、自己評価が高いことが必ずしも悪いわけではない、とすかさず断りを入れている。もちろん自尊心が高いのはすばらしいことですよ、と彼らはたびたび釈明に迫られるからだ。自尊心が高いおかげで異様なほど平和的になる（論文の表現で言えば「比類なき非攻撃性」を示す）こともある。自分に満足しているので、批判されたからといって、自分の価値が揺らぐとは考えないからだ。自尊心を傷つけられて攻撃に転じるのはごく少数にすぎない、とバウマイスターらは考えている。

「簡単に言えば、自分は優れていると思っている人が危険なのではなく、自分は優れていると思いたいという願望の強い人が危険なのだ（……）ふくらんだ自己イメージを実証することで頭がいっぱいになっている人が、批判を受けると激しく動揺し、発言者に対して怒りをあらわにすると思われる」[38]

スミソニアン博物館別館で見た不気味な魚を思い出した。デイヴィッド・スター・ジョーダンが自分の名前を与えた1匹のことだ。トゲトゲした、メビウスの輪のような形の、ドラゴンに似た魚。身体がねじれながら湾曲し、境目のない輪っかになっていきそうな魚。隅《コーナー》のないジョーダン（Jordan of the No Corners）。（訳者脚注）

この魚に自身の名を与えた彼の選択には、何かメッセージが隠されていたのではないか。彼の魅力の背後にあるダークサイドをほのめかしていたとは考えられないか。

歴史家ルーサー・スピアーはこう評している。「ジョーダンが持つ、諸刃の剣と言える才能のうち、最たるものの1つは、自分は正しいことをやっていると信じ込む能力だった。自分にそう納得させると、あとは無限かのように思えるエネルギーを発揮して、みずからの目指すものへ向けて邁進する（……）彼は自身の忍耐力と公正さを誇りにしていた（……）しかし彼自身は、ハエ1匹を叩き落とすのに大砲を使うこともいとわなかった」[39]

［訳者脚注］

Cornerは「(隅に追い込まれた)苦しい状況」という意味や、「身を隠す場所」という意味をもつこともある。「真実は必ず明るみに出るものだ」というニュアンスで、「真実は隅を探さない」(Truth seeks no corners)と表現されることもある。「隅をもたないジョーダン」は、「逃げも隠れもしないジョーダン」「死角のないジョーダン」「うしろぐらいところなど何一つない無敵のジョーダン」などと解釈できるかもしれない。

この世で一番苦いもの

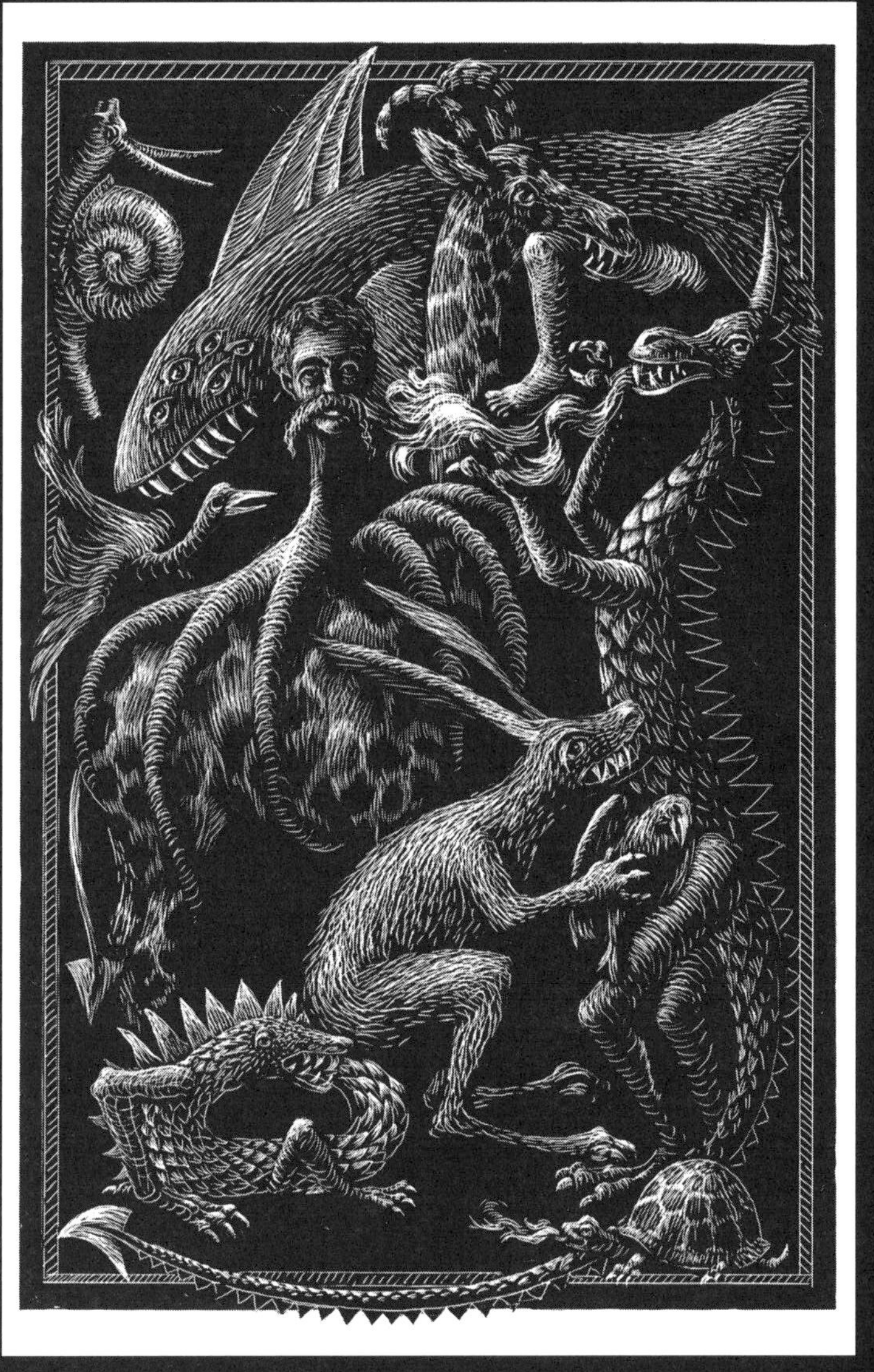

The Bitterest Thing in the World

1905年の話に戻ろう。サンフランシスコ地震が起きる1年前だ。デイヴィッドの魚のコレクションはまだ棚に高く積まれていたが、彼の学長の座は今にも崩れそうなあやうい状態だった。ジェーン・スタンフォードのスパイが、デイヴィッドは性的醜聞を「もみ消し」ている、大学を「ギャング」のリーダーのように牛耳っている、と糾弾する痛烈な報告書を書いたからだ。報告書は大学理事会に回覧され、ジェーンがまもなく彼をクビにするという噂が飛び交っていた。

奇しくもそんなタイミングで、ジェーン・スタンフォードが何者かに毒を盛られる事件が起きた。記録によれば、1905年が始まって2週間後、1月14日のこと。ジェーンはサンフランシスコに持つ自宅の1つにいた。就寝前に、いつもの場所、つまり台所に置いてあるミネラルウォーター「ポーランド・スプリング」のタンクから水をがぶ飲みした。何かおかしい。苦みがある。すぐに咽喉に指をつっこみ、無理やり水を吐き出し、世話係として働いているバーサとエリザベスを呼んで助けを求めた。

2人は主人を落ち着かせてから水の味を確かめ、「変な」「苦い」味がすると同意し、水のタンクを近所の薬剤師のところに持って行った。薬剤師が水を調べたところ、致死量のストリキニーネが混入していることがわかった。

命に別状はなかったものの、当然ながらジェーンは動揺した。刑事は手がかりを何も見つけられなかった。捜査対象となったのは彼女の自宅の世話係だけ――メイド、料理人、秘書、退職した執事――で、全員怪しいところはなかった。(4) 当時の『サンフランシスコ・イグザミナー』紙に、犯人の意図を推理する記事が載っている。同紙から依頼されて記事を書いた小説家は、ジェーンのもとで働く誰かが、「雇い主の知力その他の点における短所について悩んだ」末に、「こき使われることへの不満」が鬱積し、「殺人も辞さないほどの憎しみ」(5) に転じたに違いない、という説を披露した。

ジェーンは、何者かが自分の死を望んでいることは知りつつ、それが誰かはわからないという状態で、しばらくハワイに身を置くことにした。(6) 常夏のハワイに数週間ほどいれば自分の気持ちも落ち着くだろうと思ったのだ。ワイキキの海岸沿いに建つモアナホテルは、イオニア式円柱と華麗なバルコニーがあり、電動式のエレベーターも備えた、当時としては最新の豪華リゾートホテルだ。昔から長く秘書を務めているバーサと、新しく雇ったメイドのメイを連れ、そのモアナホテルに2部屋をとって滞在することにした。

★　★　★

気象記録によれば、ジェーンの生涯最後の日はとても過ごしやすい一日だった。[7] すっきりと晴れて、気温も20度近い。

ハワイに来て1週間ほどが経ち、この日は馬車でヌウアヌ・パリ展望台までピクニックに行くことにした。ホテルの厨房スタッフがピクニックバスケットを用意して、焼き立てのジンジャーブレッド、固ゆで卵、肉とチーズのサンドイッチ、チョコレート、コーヒーなどを詰めた。[8] 一行は数時間ほど日陰に座ってオーシャンビューを楽しみ、バスケットの軽食をつまみ、SF小説を順番に朗読した。[9]

夕方にはホテルに戻り、少し休憩してから、スープで軽い夕食をとった。[10] その後、寝支度をしていたジェーンが、バーサに薬を準備するよう頼んだ。消化を助けるカスカラという植物のカプセル、それから重曹だ。バーサはハーブカプセル1個と重曹ひとさじ分を用意し、午後9時にはメイとともに、廊下を挟んだ自分たちの部屋へと引っ込んだ。

あたりに響くのはカエルの鳴き声と、波の打ち寄せる音。誰もが寝静まる。

夜11時15分頃、ジェーンの世話係の2人は、廊下の向こうから聞こえる悲鳴で目を覚ました。「バーサ！　メイ！」ジェーンが呼んでいる。「苦しい、苦しいの！」。[11] バーサとメイが主人の部屋にかけつけ、ドアを開けると、倒れているジェーンの姿が視界に飛び込んできた。あごの筋肉が本人の意思に反してこわばっていて、口がまともに開けられない。目を大きく見開き、食いしばった歯のすきまから、ジェーンが何とか訴えた。「身体の自由がきかない。また毒を盛られたみたい」

ベッドサイドテーブルには重曹をよそったスプーンが空になって光っている。騒動を聞きつけた隣室の宿泊客が急いで様子を見に来て、医者を呼びに走った。数分後には、純朴そうな目を眠たげにしばたたかせたフランシス・ハンフリス医師が、救急バッグを持って到着した。ジェーンのそばにかがみ、慎重に彼女のあごに手を添え、筋肉をやわらげようと試みる。[12] 最終的には彼女の入れ歯を無理やり外し、カラシを溶かした水を飲ませて嘔吐させようとした。しかし効果がない。

大きく見開いた眼をハンフリス医師に向けたまま、身体が引き攣《つ》り、いっそう奇妙な形にねじれていく。爪先を内側にまるめ、こぶしを石のように固く握り、両脚は目に見えない羽を広げたワシのようにつっぱる。どうすることもできず、怯えたまま、どこかを凝視している――空中を見ているような、あるいは自分自身の内側を見ているような。

歯のない唇ごしに「神様、お許しください」と祈りを絞り出した。[13] すべてが始まってからほんの15分後、11時30分には、ジェーンは息絶えていた。[14]

数分後、さらに医師が2人到着した。1人は胃洗浄器を持っていたが、結局無意味に手からぶらさげるだけとなった。[15] 3人の医師は瓶に残った重曹の味を確かめ、おかしな苦みがあると指摘した。[16] やってきた保安官はスプーンとグラスを紙で包んで毒物学者の研究室に届けさせ、ジェーンの遺体を遺体安置所に移送した。[17] 事件の重大性に鑑み、検視には医師が7人呼ばれた。彼らはジェーンの皮膚を調べ、切り傷や擦り傷を探した。何もない。破傷風だったとしたら、痙攣《けいれん》と開口障害の説明はつくのだが、破傷風の可能性はこうして除外された。[18]

この件の代表病理学者となったクリフォード・ブラウン・ウッドは、ジェーンのこぶしがあまりにも固く握りしめられていることに驚いたという。まるまった指を解きほぐしても、見ているうちにまたまるまってしまう。[19] ほぐす。まるまる。ほぐす。まるまる。毒物学者は重曹の瓶の中身と、ジェーンの腸の内容物を調べ、どちらにもストリキニーネの痕跡を発見した。[20]

陪審員として招集された市民6人は、遺体を見て、3日間にわたる宣誓供述を聞いた。毒物学者は、被害者の臓器で実施した化学試験でストリキニーネを示す結果をはっきり見たと証言した。[21] 化学者は、被害者が使用した重曹の残りを使った溶液にストリキニーネの八角形をした結晶が白く沈殿するのを確認したと述べた。[22] ベテランの医師が、[23] ジェーンの筋肉の急なこわばりは死後硬直より激しいものだったと述べ、[24]「〔医療に従事してきた20年間で〕目にした覚えのない症状」[25] であると語った。目撃者3人、バーサとメイとハンフリス医師はそれぞれに、ジェーンが激しく痙攣してほんの数分で死に至ったのを見たと述べた。

陪審員団の判断にかかった時間は2分。ジェーン・スタンフォードは「陪審員団には知られていない単独または複数の人物が凶悪な意図をもって重炭酸ソーダの瓶に混入したストリキニーネ」[26] で命を落とした、という評決が下された。

新聞各紙は評決が出るよりも先にスクープを報道している。『サンフランシスコ・イブニング・ブレティン』紙には、1905年3月1日付の一面に、でかでかと見出しが躍った。

スタンフォード夫人、毒殺さる。

★
★
★

しかし、そこから数千マイルも離れたカリフォルニア沿岸にいるデイヴィッド・スター・ジョーダンの意見は違っていた。毒殺という判決が出る可能性が高いと知るや否や、彼は船でハワイに向かった。『ニューヨーク・タイムズ』紙の取材には、ハワイに渡った理由は「サンフランシスコとホノルルの警察が実施している捜査とはいっさい関係ない」[27]と答え、単にジェーンの遺体を引き取りに行くのだと述べている。

ところが記録によると、彼は自分で新たに医者1人を雇い、事件を再調査させるために350ドルという法外な値段を払った（現在で言えば約1万ドル）。デイヴィッドが選んだのは医学の経験が2年ほどしかない人物だ。[28] 名前はアーネスト・ウォーターハウス。この医師は遺体を調べず、その他の証拠も調べず、毒殺に関する本1冊に目を通し、目撃者数人と会話をして、デイヴィッドと何度も打ち合わせを重ねたのち、ジェーンの死の説明を宙返りさせた。

デイヴィッドに送ったタイプ原稿（デイヴィッドがあらかじめ指示をして用意させた）で、ウォーターハウス医師は、ジェーン・スタンフォードが毒殺されたという見解を「きっぱり否定する」と断言している。そして彼女の体内および瓶で発見されたストリキニーネの量に疑問を提示した。[29] 死に至らしめるに充分な量とは思えない、というのだ。

だとすれば、あの凄惨な痙攣と、開口障害と、そして出来事全体――あっというまの死――は、どう説明がつくというのか。

それは……。ジンジャーブレッドだ！

ジェーンの秘書バーサが2度目の聞き取りを受けたあと、ヌウアヌ・パリ展望台へ往復した死亡日の行動は、ピクニックから地獄の饗宴《きょうえん》に変わった。[30] あのときに腐ったジンジャーブレッドがふるまわれたのだ。バーサは、ジンジャーブレッドは焼き立てではなかった、と言い始めた。最初に警察で証言したときには焼き立てだと言ったが（ホテル側は引き続きそう主張した）、本当は生焼けだったという。

おそらくブレッドの真ん中が水っぽくなっていただろうから、それに気づいた時点で食べるのをやめるべきだったのに、ジェーンはおかまいなしに食べ続け、ねばついたパンをどんどん飲み下した。しかも、それだけで満足しなかったらしい。バーサの新たな証言によれば、ジェーンはさらにサンドイッチを8個も食べた。[31] 厚切りの牛タンとスイスチーズを挟んだサンドイッチだ。冷たいコーヒーも何杯も飲み、フランス産の菓子を10個以上は食べた。

ただのピクニックだったものが、たった1回の聞き取りを経て、どうして暴飲暴食の狂乱へと変わるのだろう？

強制があったのか、提案があったのか、それとも真実の告白だったのか。わからない。私にわかるのは、ハワイで数日を過ごしたあとのデイヴィッド・スター・ジョーダンが、ジェーン・スタンフォードは悪意によって毒殺されたのではなく食べすぎのせいで死んだのだ、と「常識的に考えて確信」[32]したという点だけだ。

彼女の死は無理な姿勢（ピクニック用のブランケットに寝転がっていたから？）と「よくない食べ物の過剰摂取」の組み合わせがきっかけで引き起こされた心不全であると「完全に納得している」[33]、と彼は『ニューヨーク・タイムズ』紙に語った。

★　★　★

「ジンジャーブレッドを食べすぎて死ぬということはありえます」と、シーマ・ヤスミン博士は語った。以前はアメリカ疾病対策センター（CDC）に勤め、疫病捜査官と呼ぶべき立場にいた人物だ。

私は彼女に電話で取材をして、ジェーンの事件の詳細について意見を聞いた。その答えがこれだ。けれどそのあとに、「でも、11時間後というのは、どうでしょう」[34]という言葉が続いた。

食事から死亡までの時間経過に彼女は強くこだわった。過剰な量であればどんなものでも毒になりうるのだという（「水だって大量に飲みすぎれば死ぬこともある、という意味ですよ」）。しかし、たとえジンジャーブレッドが生焼けだったとしても、2切れや3切れ程度で悪さをするとは考えにくい。食べすぎと姿勢の組み合わせが何らかの形で心不全をもたらしたという点についても、彼女はありうると認め、しかし、起きるとしたらピクニックのその場で起きた可能性が高いと述べた。

「たとえば電力会社に電話して盛大にクレームを言っている最中に心臓発作を起こしたとしましょう。その人はひどくストレスを抱えていて、狭心症もあって、さらに興奮したことで心臓の血管が痙攣を起こし、心臓発作を起こしたわけです。でも、電話をしたのが発作の起きる11時間前だったとしたら？」

　ヤスミン博士はそこでいったん言葉を切った。

「関連しているとは思いにくいですよね」

　破傷風の可能性は検討されたのかと質問されて、私は、ジェーンの身体に傷が見られなかったことからその可能性は除外されたと説明した。

　最後に私が、ジェーンの腸および瓶に微量のストリキニーネが発見されたことを話すと、ヤスミン博士は「ああ」と言った。

　そして、「ストリキニーネによる毒殺の症状に大変よく似ています」と話した。ストリキニーネは「ハリウッド映画の毒」としても知られているのだという。

「映画で見る毒殺はたいていこれなんです。誰かが白目をむいて、身体をめちゃくちゃにばたつかせ、発作を起こすシーンがあるでしょう――胴体がとんでもない方向へドラマチックにねじれたりとか。そういう症状を引き起こします」

　ストリキニーネなら、ほんの微量だったとしても、摂取してから5分で命を奪うこともあると博士は説明した。

「なるほど……」と私。

　ジェーンの心臓に関する医師たちの所見もざっと読み上げてみた。私にはよくわからない用語がいくつかあり、心不全を示唆するポイントを見逃していないかどうか確認しておきたかったからだ。ジェーンの心臓の血液中にシアンの存在が認められたこと、僧帽弁と半月弁にわずかにアテロームプラークが認められたこと。ヤスミン博士が特別反応する情報は何もなかった。私が記録の最後まで読み終わると、博士は「ある意味では、誰でも必ず心臓が止まって死ぬんです」と言った。

「それが死というものの定義ですから。脳死は別として。でも、その件は狭心症や心筋炎のようには思えません。心臓麻痺も違う。心臓の発作は起きていたとは思いますよ、つまり、その一連の経緯の中で心臓の筋肉にも影響がおよんだでしょうから。でも、それは単に……全体像としてのことですよね。話を聞く限り、ストリキニーネの毒殺にかなり近いと感じます」

★ ★ ★

デイヴィッド・スター・ジョーダンはそうは考えなかった。未来の疫病捜査官の見解を聞くすべなどなかった彼は、自分が報酬を払って導き出させた説明のほうを好んだ——ジエーン・スタンフォードは自然死である、という説明だ。ハワイ到着の4日後、彼は『ニューヨーク・タイムズ』紙に「医学士」としての見解を示し（本人がかつて使った表現によれば「ぎりぎり取得した」[35]学位だ）、「彼女は毒殺ではないとこのうえなく強く確信」[36]していると語った。

それならなぜ死んだのか。

ジンジャーブレッドのせいだ。

では、ジェーンの腸と瓶にあったストリキニーネの存在は？

デイヴィッドは、それは「薬によるもの」だと一蹴している。[37]

説明すべき点はあともう1つあった。すべての証拠の中でもおそらくこれがもっとも不利な部分だ。当事者が痙攣を起こし始めたときに発した証言。ジェーンの身体に流れる電流が主人を裏切り、主人の意に反して脚をつっぱらせ、あごをがちがちに固めていたときに、自分の舌を動かす権利をなんとか奪い返して、彼女は重要なメッセージを伝えた。「また毒を盛られたみたい」

それについても、デイヴィッドおよびウォーターハウス医師は、きわめて合理的な説明に至っている。「ヒステリー」だ。[38]毒を盛られたというのは彼女のヒステリーの芝居だ。

痙攣も芝居だ。そして死も……芝居のつもりだった？ デイヴィッドのアクロバットには目を見張るばかりだ。空中高く身をひねり、宙返りをして、向きを変え、ありえないと思える技をしれっときめてみせる。誰かの死について、それが本人にとってどんな体験であったかという点すらもひっくり返したのだ。

ハワイ滞在最終日の朝に、デイヴィッドは自分が宿泊するホテルの一室で目を覚まし、備え付けの文房具一式を使って、他殺説を永久に葬り去れるであろう公式声明を書いた。[39] いくつかの単語を書きなぐり、その上に線を引いて消している。最初の毒殺未遂に関する記述はいっさい入れないことにした[40]——その一件が人々の頭に浮かばないほうがいい。ジェーンは食べすぎと姿勢の悪さによる自然死であると、医学的見地から確信している旨を宣言した。

デイヴィッドには認められない医学的所見を導き出したハワイの医師たちに対しては、最後に丁重な賛辞を書き、「優しい心」で「手を尽くし、同情の念を向けてくれた」[41] ことへの礼を記した。そして署名し、原稿を封筒に入れて封をして、弁護士の友人に預けた。[42] 医師たちと気まずい衝突が起きるリスクは冒したくないという理由で、自分がハワイを離れてから声明を発表するよう指示した。

そのあとの彼にはもう1つだけやることがあった。正装に着替え、インクで汚れた手を洗い、ホノルルのセントラル・ユニオン教会に行き、汚れをきれいさっぱりこすり落とした手のひらをジェーンの棺の持ち手にそっと差し込む。深呼吸を1回し、両腕と両脚に力を入れて、他の数人と一緒に棺を担ぐ役目を粛々と果たした(43)。

＊　＊　＊

デイヴィッドの声明が新聞に載ると、ハワイの医師たちは激しい衝撃を受けた。即座に全員で反対声明を発表している。

「彼女は狭心症で亡くなったのではありません。そのような診断を裏付ける発作の兆候も心臓の状態も認められておりません。スタンフォード夫人のような年齢の女性で、既知の精神的気質に鑑み、ヒステリー発作で30分で亡くなることがありうると考えるのは愚の骨頂です（……）どこの衛生局であろうと、そのような死因にもとづく死亡診断書を素通りさせることはありません」(44)

「言うに事欠いて、愚の骨頂とは！」と、デイヴィッドはすぐさま反撃に出た。主たる目撃者であるハンフリス医師のことを、「職業的にも人間的にもふさわしくない男」(45)と呼んだ。ハワイの医師たちがただちにハンフリス医師を擁護する発言をすると、デイヴィッドは彼ら全員が隠蔽工作に加担していると糾弾した――検視に立ち会い検視官の聞き取り調査に応じることで報酬を得る目的で、殺人という診断をでっちあげたのだ、と。(46)

もし本当にそうだとしたら、どれだけの人数が加担しなければならなかったか（医師たちだけでなく、ジェーンの部屋に駆けつけたホテル宿泊客たちと、ジェーンの秘書、メイド、保安官、葬儀屋、検視官も巻き込まなければ成立しない）と考えれば、無理がありすぎる言いがかりだ。

だが、そんなことはどうでもよかった。デイヴィッドには威信があった。権力があった。そしてアメリカ本土は島嶼部《とうしょぶ》をあまり重視していなかった。そのため、この一件に関するハワイの医師たちの説明は、本土ではまったくと言っていいほど説得力をもたなかった。

★ ★ ★

現在、スタンフォード大学のウェブサイトを見ても、殺人の可能性に関する記述はほとんど見当たらない。ジェーン・スタンフォードの死は「はっきりとした結論は出なかった」[47]とされている。

「学長ジョーダンの記録」と題されたデイヴィッド・スター・ジョーダンの長い長いプロフィールを下までたどっていくと、彼がジェーン・スタンフォードの死に関与した可能性について語る文章がたった1行見つかる。「彼女が1905年2月に不可思議な状況で亡くなったとき、ジョーダンはハワイに駆けつけ遺体を引き取った――そして、一部の意見によれば、彼女が毒殺されたという報告をもみ消した」[48]。ただし、このさりげない言及も、比較的最近になって加えられたものだ。

ほぼ1世紀近くにわたって、ジェーンは自然死だったという結論が広く受け入れられてきた。より残酷な説がちらりと噂になることがあっても、決まって巧みに否定され、消え去っていったのだった。

私は、ロバート・W・P・カトラーが入念な調査を経て2003年に上梓した『ジェーン・スタンフォードの不可解な死』（未訳）という薄いグレーの1冊で、こうしたことを知った。スタンフォード大学の神経学者だったロバート・カトラーは晩年、別の研究のリサーチ中に、ジェーン・スタンフォードに関する捜査を報じた古い新聞記事をたまたま見つけたのだという。

カトラーはショックを受けた。[49]彼は歴史好きで、スタンフォードの人間としての誇りも抱いている。それなのになぜ、創立者の女性が毒殺された可能性があるという話が一度も耳に入ってこなかったのか。調べ始めてみると、検視報告、裁判の発言記録、目撃者の証言などが現存していることがオンラインのデータベースでわかった。紙の記録として、いつでも検証できる状態でハワイにそろっている。

しかし当時のカトラーにとって、カリフォルニア州リバーモアの山頂にある自宅を離れるのは健康上の理由から現実的ではなかった。肺気腫が進行しており、つねに酸素タンクにつながった状態で、埃を避けて屋内にいなければならなかったからだ。[50]そこで妻マギーの手を借り、さらにホノルル、サンフランシスコ、ワシントンDCにいる大勢の記録保管専門家の助力を得て、資料のスキャンを送らせたり、郵送させたり、マギーに足を運ばせた場合は持ち帰らせたりして、安全な自宅の書斎に集めた。そして書類に目を通し、発見したことを原稿にまとめた。

カトラーが書き上げた著書には余計な単語はいっさい含まれていない。動機や心理に関するドラマチックな推理もない。証拠だけを可能な限り明確に提示し、出典元の文書から詳細な引用を載せている。読んでいると、過去の声が直接語りかけてくるかのようだ。検視官の報告書、目撃者の証言、法廷での発言、そのすべてがそのときの言葉で聞こえてくる。

それなのに薄い1冊に仕上がっているのは、カトラーが真実とくず情報を丹念に整理したからにほかならず、彼が遺した贈り物と言っていい。出版準備が整い、初版が世に出るのを見守って、彼はこの世を去った。

30年にわたり医師としての経験を積んだカトラーは、この本の中ではっきりと書いている。ジェーンの症状と、体内および瓶の両方にストリキニーネが発見されたことを踏まえて、彼女は毒殺されたと確信する、と。ジェーン死去後にデイヴィッド・スター・ジョーダンの行動をたどった調査から、彼が毒殺をもみ消そうとしたと考えないのは難しいとも書いている。なぜもみ消したのか。おそらく大学をスキャンダルから守ろうとしたのだろう。もしかしたらほかの理由があったのかもしれないが、カトラーは当て推量を披露するタイプではない(51)。

しかし、さらに踏み込んだ考察をする学者もいる。

たとえばスタンフォード大学の英文学教授ブリス・カルノチャンは、ジェーンと彼女のスパイとのあいだで交わされた書簡を調べ、死亡のタイミングが出来すぎていると感じた。デイヴィッドには学長の座を守るという「動機があった」[52]とカルノチャンは書いている。

スタンフォード大学の歴史学者リチャード・ホワイトは、さらに多くの手がかりを集めるべく、「誰がジェーン・スタンフォードを殺したか?」と銘打った講座を立ち上げた。受講生が毎学期10人ほど、資料を掘り返して新たな情報を探しにかかる。ホワイトは現時点ではバーサがやった(遺言で自分に入るお金のために)と推理しているが[53]、ジェーンの死のタイミングは驚くほどデイヴィッドにとって「幸運だった」とも指摘している。

誰がやったにせよ、デイヴィッドが毒殺をもみ消したことは間違いない、とホワイト教授は確信を深めている。講座受講生たちが、ジェーン死後のデイヴィッドの怪しい行動を次々と見つけ出しているからだ。

知人から彼に送られた手紙には、食べ物の過剰摂取で死ぬことはありうると請け合う内容が書かれていた[54]。別の不明の人物からの手紙には、犯罪をもみ消した罪で「死後に裁かれるだろう」と書かれていた[56]。ジェーンのスパイからの手紙には、自分を「カネで黙らせることはできないぞ」[55]と書かれていた。

事件後、自然死以外の指摘がかき消えてから数十年たっても、まだデイヴィッド自身がジェーンの自然死を主張し続けていた点も奇妙だ。[57]人生の後半になっても、スピーチや記事や手紙など、そうした話題を出すには少しおかしな場面で、自然死の主張をぽろぽろと差し挟んでいる。デイヴィッドはなぜ、これほど長きにわたって自然死だと言い続けたのか——ホワイト教授いわく、まるでジェーンの死に関係する「何か」が、ずっとデイヴィッドにつきまとい続けていたかのようだ。

★
★
★

ロバート・カトラーが住んでいた山頂の家までは長いドライブだった。乾燥した黄色の草むらを抜ける一車線の道路を、何度もジグザグしながらのぼっていく。

マギー・カトラーがポーチで私を出迎えた。ポーチは花粉と埃が多く、夫ロバートの繊細な肺には危険なので、生前の彼はそこで座ってくつろぐ贅沢は許されなかった。マギーは私をキッチンへ案内し、私と自分にそれぞれコーヒーを注いでから、調査にのめりこむ夫を見るのはつらかった、と語った。死期が近づいているというのに、妻である自分とではなく、本に埋もれて過ごしていたからだ。

それでも、夫はジェーンの声を届けることが義務だと感じていたのだと思う、とマギーは言った。長く隠されていた真実を明るみに出す義務が自分にはある、と。[58] 著書では、デイヴィッド・スター・ジョーダンに殺人の嫌疑を着せる書き方はしないよう細心の注意を払っていた。けれど本心では、デイヴィッド・スター・ジョーダンがかかわっていたと思っていたのだろうか。私はマギーに尋ねてみた。

「ジョーダンがやった、と夫が確信していたことは確かよ」。[59] 考える時間も必要とせずに、マギーは答えた。

「本当に？」

「絶対よ。ジョーダンは性根が腐ってたんだと夫は考えていたわ」

帰り道のドライブはなぜか短く感じられた。私はひたすら黙って考えをめぐらせていた。デイヴィッド・スター・ジョーダンに対する自分の奇妙な愛着について。私が私自身の泥沼から抜け出す道を彼が示してくれるのではないか、という期待について。

私はさまざまな点でデイヴィッドに親愛の情を抱いていた。彼の痛快な皮肉っぷり。「世間の目に触れぬ、取るに足りない」花々への愛情。私の父のデッキブラシ型のひげを思い出させる、セイウチの牙みたいなおかしな口ひげ。そして、どんな不幸が立ち塞がろうとも絶対につぶれたりしない、その断固たる意志力を支える鋼鉄のごとき背骨を彼がもっていたこと。

彼と同じような自信をもてば、誰でも彼のようになれるのだろうか。たとえば女性1人の命を奪ったり、もしくは、少なくともその死をもみ消そうという気になったりするほどに、邪魔をするものに対してはどこまでも冷淡に、どこまでも無感覚になるのだろうか。

★
★
★

ロバート・カトラーの著書のことを最初に知ったあと、私が連絡をとったスタンフォード大学の元記録保管担当職員は、カトラーが示す説を本気にしてはいけない、と私に警告した。著書は「話題にする価値もない」、「憶測」の産物だと彼女は表現した。「あの先生には悪役が必要だったんですよ」。[60] 関心を向けるべきでもない、お話に誘い込まれてはいけない、というのが彼女の忠告だ。

歴史家のスピアーは、カトラーの本を読んでジェーン・スタンフォードは毒殺だったと納得したと言ったが、デイヴィッドがそれを指示したと示唆するのは憶測を超えて「絵空事」だと述べた(61)。

最終的に、私はスタンフォード大学の記録保管室に足を踏み入れた。デイヴィッド・スター・ジョーダンの日誌、書簡、出版されなかったエッセイ、彼が描いた絵などが収められた数十個の箱が待っていた。1日に閲覧を許可される最大限度の資料を請求し、太陽が窓の向こうで手招きするのを振り切り、かぐわしいユーカリの木立が外へ誘いだそうとするのを無視して、何日も朝から資料をめくった。このたくさんの箱の中に、罪の自白と呼べる明白なものが何かないか、探し続けた。

5日目に、スケッチがたくさん入ったフォルダーに行き当たった。ジェーンの死から2年くらいあとのものだ。このときデイヴィッドが描いていたのは草花ではなかった。怪物だ。草花をスケッチしていたときと同じ入念な筆致で、怪物の絵を何枚も何枚も描いている。乱暴なほどカラフルだ。ヤギの頭をした巨大エビ。虹色のトゲをもつヤマアラシ。肉を喰らい牙から真っ赤な血をしたたらせるカンガルー(おなかの袋にも肉を喰らった子カンガルーがいる)。ドラゴンに次ぐドラゴン、デーモンに次ぐデーモン。ヤギのツノの描写があちこちに出てくる。口からは火を噴いている。もしくは血をしたたらせている。歯と歯のあいだから人間の手足が突き出している。3匹のイカが互いの脚を呑み込んでいる絵もあった。夜空に血まみれのサメとオオカミとヘビがいる絵もあった。

また別の一枚では、セイウチの牙のような口ひげを生やした男が描かれている。男は群衆を背に立ち、横にいる女性を見やっている。女性は花飾りのついた帽子をかぶっている。背後に大勢の人間がいるが、この男だけが、頭に悪魔のツノを生やしている。(62) ちょっと描き入れてみただけだというかのように、ツノは男の頭の上にぼんやりスケッチされている。

箱の中のあれこれを引っ張り出し、底のほうまで探ったところで、小さな長方形の二つ折りカードを見つけた。(63) ジェーン・スタンフォードの兄弟、チャールズが送ってきたものだ。ジェーンの死後にデイヴィッドが送ったお悔やみの花に礼を述べている。私はデイヴィッドがこの礼状を読む様子を思い浮かべてみた。彼の親指が、まさにこのカードをつまむ光景を思うと、かすかなおぞましさが込み上げてくる。

それから几帳面に切り抜かれた新聞記事も見つかった。半分に折ってあるので内容は見えないが、「ジョーダン博士の声明、専門家から反論」という見出しがついている。開いてみると、記事は、ジェーンは自然死だというデイヴィッドの説明に異議を唱える内容だった。毒殺であると示す証拠を一つひとつ列挙している。最後に、デイヴィッド・スター・ジョーダンは「犯罪のもみ消し」をしたに違いないという見解を示し、殺人者はいまだ野放しであるとの警告を放っていた(64)。

元記録保管担当の職員が言った言葉は正しかったのだろうか。何千枚ものページをめくっているうちに、デイヴィッドの皮膚のかけらを鼻から吸い込んだような気がする。もしかしたら、デイヴィッドが手を染めていたかもしれない行為、すなわち自分の世界観を守るためのなりふりかまわない努力を私はまさにしているのかもしれない──思い上がりは悪だという父の信念を確かめたくて、わざわざデイヴィッドの不利な証拠を探してしまっているのかもしれない。

デイヴィッドへの疑念は大きくなっていたが、その一方で私はどうしても彼の良い面を見つけなければならない、それを吸い込んで取り込まなければならない、という気持ちになっていた。

2番目の妻ジェシーが手書きで残した回想文を丁寧に読んでみる。ジェシーは夫デイヴィッドのことを、自分の人生にとっての「奇跡」と呼んでいた。[65] 彼が作ったたくさんの詩を読んでみる。海綿やらヒトデやら、あるいは草1本やら、世間の目に触れぬ取るに足りない者たちへの賛歌だ。オットセイを乱獲から守るべく彼が熱心に活動していた記録を読んでみる。年老いてから情熱を捧げた活動、すなわち平和を訴える活動を評価されて与えられた、刻印入りの重厚なメダルの数々も調べた。[66]「アンクル・サムのみぞおちがある場所」（未訳）というタイトルで彼が書いた記事も読んだ［訳注：「アンクル・サム」とはアメリカ合衆国のこと］。その中で彼は、アメリカのもっとも脆弱な場所は中部大西洋岸の武器製造が集中する地域だと論じている。「殺害ビジネス」[67]に頼りすぎる国は「よくない状態にある」のだ、と。反対に、国の成長のポテンシャルがある場所は、デイヴィッドいわく「公立学校」だ。「公立学校では、役立つ人間になること、人種を超えた友情を育むこと、法の前では平等であることを教える（……）それがこの国の力になる」

彼の手帳の匂いも嗅いでみた。若き奴隷反対論者としてのデイヴィッドが胸ポケットに入れて持ち運んでいた小さな革の手帳たちは、あたためたバターの匂いがした。中のページは、イモムシや、クモや、葉っぱのスケッチでいっぱいだった。[68]

結局、手ぶらのまま私は帰宅した。

それまで以上に迷子になった気持ちだった。

顔がカッと熱くなるような情報にぶつかったのは、それから2か月ほど経ったときのことだ。私はまだ答えを探して、デイヴィッドが書いた魚類採集指南書の1冊『魚類研究の手引き』（未訳）を読んでいた。フレンドリーな雰囲気で書かれた序章に思わず笑顔になる。彼は序章で読者に向けて、魚はどこでも見つけられると約束していた。「子ども時代に『泳いでもいい場所』だったところにも、古い切り株の根元で川の水が深く渦巻く場所にも」[69]

魚の顎骨、胸びれ、浮袋を示した図をめくっていく。すると、430ページまで来たところで、**それ**が目に入ってきた。「魚の捕まえ方」と題したセクションで、そこまで400ページ以上も読み進めてきた忠実なる読者のために、デイヴィッドは秘策を授けている。

潮だまりの割れ目に矢のように逃げ込み、どうしても捕獲できない厄介な魚をつかまえる、デイヴィッド・スター・ジョーダンのお気に入りの技とは？——毒だ。潮だまりに毒を垂らせばいい。では、多彩な毒の中で特に彼が推奨するのは？

危険でパワフルな薬物。彼が「この世で一番苦い」[70]と描写したこともある、その薬物の名前は、**ストリキニーネ**だった。[71]

正真正銘の化け物屋敷

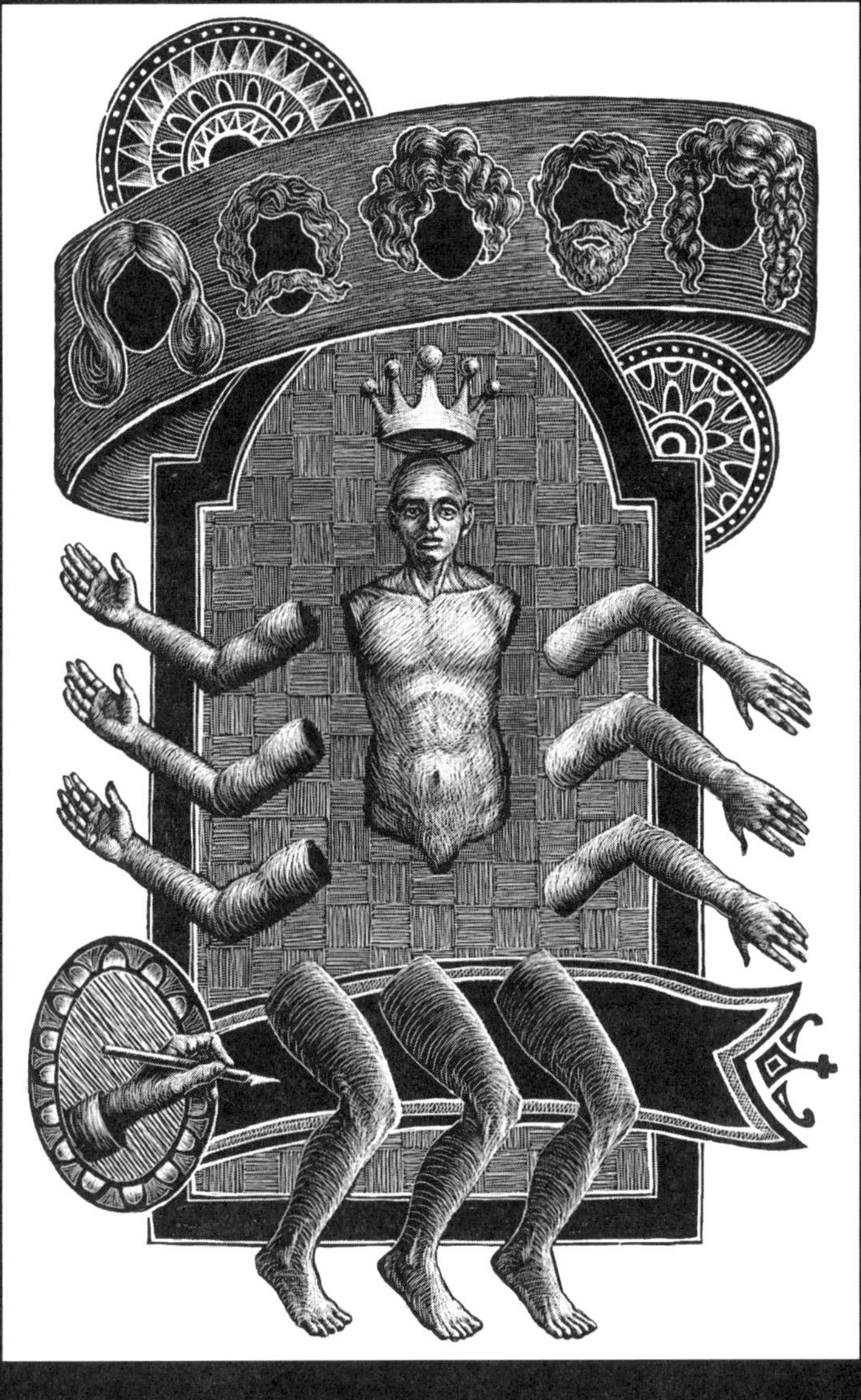

A VERITABLE CHAMBER OF HORRORS

デイヴィッド・スター・ジョーダンの学長としての権力は、ジェーン・スタンフォードの死のほぼ直後から急速に崩壊していった。[1] ジェーンに情報を流していたスパイ、ドイツ語学科のユリウス・ゲーベル教授の性急な解雇に不信感を抱いた大学理事会は、投票を経て、教員解雇の権限を彼から剥奪した。そして数年後の1913年には退任を迫った。[2] 大学総長として儀礼的な肩書を維持することは認めたが、大学運営に関する権限をすべて取り上げた。

やることがなくなり、急に自由な時間が増えたデイヴィッドは、新しい趣味を見つけた。彼はそれまでに魚類採集で各地を回ってきた。[3] イタリアのアルプス地方にあるアオスタという村にも何回か足を運んだことがある。そこで彼はショッキングな光景を目にした。アオスタは、精神や身体に障害を抱えた人たちにとって、一種のサンクチュアリ・シティだった。障害が理由で家族に拒絶された人々のために、この村では何世紀も前からカトリック教会が住む場所、食べるもの、その他さまざまなケアを提供してきたのだ。

彼らの多くが最終的には手に職をつけて、畑や厨房などに働き口を見つける。そして多くが愛しあう相手を見つけ、結婚し、子どもをもうける。こうしてアオスタは、さかさまの街とでも呼べそうな、特殊な場所になっていった。異質であることがふつうだ。社会からつまはじきにされやすい人たちが、支援を受けて充実した人生を送ることができる。

人によってはこの村を美しいと思うだろう。社会でもっとも脆弱な人々が尊厳をもって生きられるという、きわめて根源的な人間の道が成立している。

しかしデイヴィッド・スター・ジョーダンは、1880年代に訪れたときの記録において、アオスタを「正真正銘の『化け物屋敷』」[4]と呼んだ。「知能はガチョウに劣り」「慎みはブタに劣る」ような「生き物たち《クリーチャー》」に占領された土地である、と。

アオスタはその後何年もデイヴィッドにとって心配のタネだった。師ルイ・アガシが動物の世界で起きると言っていた現象、アガシが言うところの「先祖返り」が本当に起きている実例だと考えていたのだ。

デイヴィッドの認識において、海にいるホヤやフジツボなど動かない生き物たちは、かつてはもっと序列の高い魚やカニのような形状をしていたのに、寄生しながら資源を得る生き方をしてきた結果として退化し、怠惰になり、弱くなり、生き物として単純になり、知能も低くなった。[5] さらに広い視点で言えば、そうした生き物を長期にわたり助け続ける行為こそが、最終的には生き物を身体的および認知的に退化させる。デイヴィッドは自然がそのような仕組みになっていると**確信**し、「動物の貧窮化」[6]と表現した。それと同じことがアオスタでも起きていると思ったのだ。

アオスタでは人間が文字通りの意味で退化して、「人類の別の種」[7]になりつつあるのではないか。

そこで彼は本を書き始めた。慈善活動が「不適者を生き延び」させてしまう[8]――と彼は考えた――ことの危険性を大衆に知らしめる本。こうした「不具者」[10]たちを絶滅させる[9]ことが、人間という種の世界的な「劣化」[11]を防ぐ唯一の手段であると推奨する本。

キーワードは、ほんの20〜30年ほど前に誕生したばかりの単語だった。その単語は、デイヴィッドが使い始めた当時は、アメリカにおいて広く知られてはいなかった。デイヴィッド自身が熱心に、しかも科学の権威をまとってその単語を謳い、アメリカという土壌に根付かせ、広めていくことになる。

その単語とは――**「優生学（Eugenics）」**だ。

優生学という言葉はもともと1883年に、イギリスの科学者フランシス・ゴルトンが考えた造語だ。ゴルトンはチャールズ・ダーウィンのいとこ半で、本人も博学者として有名だった。

『種の起源』が最初に出版されたとき、ゴルトンはこの著作を読み、強く感銘を受け、「私の精神的発展における新たな時代の幕開け[12]」となる1冊だと評している。

この地球上のたくさんの生命を形成する自然選択という力があることを知ったゴルトンは、だとすれば、その力を操作して人類の「支配種（master race）」を選択していくことも可能ではないかと思いついた。

貧困、犯罪、無学、「精神薄弱」、ふしだらな行為などは血筋に関連づけられたものだとゴルトンは信じた。そうした形質をもつ者が繁殖しないようにすれば、「支配種」が選択されていくはずだ。

人間の中で好ましくないグループを消滅させていくという構想を、彼はギリシャ語の「良い」「生まれ」を意味する言葉で「優生学」と呼んだ。そして耳を貸す者がいれば誰にでも――ゴルトンはダーウィンの親戚なのだから、世間が耳を貸さないわけがない！――ヨーロッパをふたたび偉大な土地にするための（彼なりの）科学的な計画を説き始めた。

ゴルトンは上流階級の集まりや、『ネイチャー』誌や『マクミランズ・マガジン』など教養系の雑誌で自分のアイディアを披露した。[13]『どことは言えぬ場所のお話』（未訳）というタイトルのSF小説まで書いた。[14]厳格な審査に合格した者だけが子を作ることを認められ、それ以外で子を作ろうとした者は投獄されて「厳しく過酷な」[15]罰を受けるという、架空のコミュニティが登場する小説だ。ゴルトンの立場から言えば、めでたしめでたしのお話だった。人類を劣化から救うハウツーガイドでもあった。

ほとんどの人はゴルトンにまともに取り合わなかった。ごく少数の影響力ある科学者たちが、その大義を熱っぽく支持することがなかったならば、優生学はずっと陰謀論的フィクションの領域にとどまっていた可能性もある。

そしてデイヴィッド・スター・ジョーダンは、「エセ科学」の危険性をあれほど強く訴えていたにもかかわらず、まっさきに、そして誰よりも声高に優生学を支持した権力者の1人だった。優生学を満たした飲料パックをぎゅうぎゅうぎゅう絞りながら一気飲みしたと言ってもいい。熱に浮かされたように、あらゆる場面で人間の遺伝的形質を**発見**していった。

貧しくなるのも、怠惰になるのも、あるいは鳥を分類できる能力をもつのも、すべてはそういう血筋だからなのだ。

彼を礼賛《らいさん》する伝記を書いたエドワード・マクナル・バーンズさえ、この点はばかげていたと認めている。「生物の遺伝的形質を過度に重要視したあまり、人間の性質のほぼすべてがそれで説明がつくと考えるようになったらしい」[16]

実際のところ、デイヴィッド・スター・ジョーダンは、ゴルトンの着想をおそらく最初にアメリカに持ち帰った人物だった。アメリカに優生学が広まる数十年前、早くも1880年代の時点でインディアナ大学での講義に取り入れている。[17]「貧窮」に陥るのも「変態」[18]になるのも遺伝である、そうした性質は「沼を干上がらせていくように絶滅させる」[19]ほうがいいのだと学生たちに教えた。

そして徐々に、この考え方を教室の外にも広げていった。有力な政治家たちの集まる大規模集会でのスピーチでも、「人間の実り《ヒューマン・ハーヴェスト》の質が良くなければ、社会は持続しえない」[20]と警告した。1898年に初めて優生学を推す論稿を発表し、[21]その後、遺伝子プールを浄化すべきだと訴える書籍を何冊も出版した。『人間の実り』『国家の血統』『あなたの家系図』

（いずれも未訳）などなど。記述の中で、彼はこの世から排除すべきあらゆるタイプの人間――貧乏人、大酒飲み、「不具者」、「痴愚」、「白痴」[22]、そして道徳的に堕落した者――を「不適者（unfit）」という1つのカテゴリーに押し込んだ。

不適者！　なんとキャッチーなワードだろう。とても刺激的で、とても簡潔だ。生きるに値するグループを決める彼なりの定義に、ちゃっかり科学の仮面をかぶせている。不適者！　それは誰かによるジャッジではなく、ただ単に自然の現実ということにしたのだ。

講演で各地を回るときには教会や救貧院に立ち寄り[23]、そこで献身的に働く職員たちに対して、あなたがたの行為が（デイヴィッドいわく）「不適者の生存」[24]を助長しているのだ、と警告した。反面教師とすべき事例としてアオスタの村を持ち出し、「奇形」や「痴愚」の「クリーチャー」[25]が自由にうろつきまわり、よだれを垂らし、物乞いをして、下品なふるまいをしている土地だと描写した。1人の老女が「犬のように私の手を舐めた」ことすらあった、と。

デイヴィッドは、自分がアオスタで実際に見たという人間をスケッチしていた[26]。杖を抱え込むような姿勢で、歯がなく、いぼだらけの顔で異様な笑いを浮かべる老女。首にココナッツほどの大きさのこぶがある男。社会が対策を取らなければ人間という種の行き着く先はこのようになってしまう、とデイヴィッドは論じた。

では、具体的にどんな解決策をとればいいのか。優生学支持者の中には、たとえばエリートに奨励金を与えて多くの子を産ませ、遺伝子プールに「優れた」ストックを増やすべきだという意見があった。また別の見解としては、上流階級で複婚〔訳注：一妻多夫や一夫多妻〕を合法化すべきだという声もあった。[27]

しかしデイヴィッド・スター・ジョーダンには、もっといい――と本人が考える――案があった。彼がかつて学生に示したアイディア、すなわち「絶滅」を実現させるのだ。「不適者」とみなす人間の生殖機能を取り除けばいい、そうすれば「その血がそこで途絶えてくれる」[28]――と、講演でのデイヴィッドは請け合った。

こうした講演や、同じく早くから優生学を受け入れた学者たちの似たような主張が出始めたことを受けて、非合法な中絶手術、場合によっては非合法な処刑がアメリカのあちこちで行われるようになった。1915年にはシカゴのハリー・ハイゼルデンという医師が、障害をもって生まれた赤ん坊を安楽死させ始めた。[29]彼には「黒いコウノトリ」というあだ名がつけられている。[30]

イリノイ州の精神病院では、結核菌を混入した牛乳によって患者を意図的に死なせているという噂もあった。[31]

この件に関する膨大な歴史を掘り起こすという英雄的な研究を行った学者ポール・ロンバルドによれば、「不適者」の生殖機能を失わせる手術、すなわち強制不妊手術（断種）を行うと公言していた医師はひと握りだったが、[32]実際には数えきれないほどの手術が、「静かな方法」[33]で実行されたのだという――あくまで闇手術として、法的な許可などなしに、という意味だ。

しかし、よきピューリタンであるデイヴィッド・スター・ジョーダンは、法を破ることはよしとはしなかった。そこで彼は優生学的不妊手術の合法化を提唱し始めた。1907年には、彼がインディアナ州ブルーミントンに住んでいたときの友人数名の力により、インディアナ州で強制不妊手術が合法化された――そのような法が成立したのは、アメリカのみならず、全世界でも初めてだった。[34]

2年後にはデイヴィッドのはたらきかけにより、カリフォルニア州でも断種法が成立した。**大義**への貢献が明らかだったことから、デイヴィッドはアメリカ育種家協会の優生学委員会で委員長となるよう依頼された。[35]彼は喜んで引き受けた。

この国が優生学運動で主導的役割を果たしてきたことを、学校教育の中で一度も教えられずにこれまで過ごしてきたなんて、私は信じられない思いだった。けれど、フラッパー［訳注：1920年代に人気だったファッション］が流行り、フォードの車「モデルT」が普及したのと同じように、優生学はアメリカ文化の一部として高らかに叫ばれていったように思える。

非主流派の異端的なムーブメントではなかった。党の区別もなかった(36)。20世紀が始まって最初の大統領5人は、いずれも優生学が謳う約束を歓迎した。ハーバード、スタンフォード、イェール、カリフォルニア大学バークレー校、プリンストンなど、全国の一流大学で優生学の講義が設けられた(37)。優生学専門誌も登場した。優生学に沿った化粧品も発売された。

優生学コンテストまで開催された。たいていは州の農産物展示・品評会《ステートフェア》のお祭りで、優良な家族や優良な赤ん坊を決めるのだ。カボチャのように大きさを測ったり、重さを量ったりして、肌の白い子、頭の形がきれいな子、左右対称な顔つきをしている子に青いリボンが授与された(38)。

そうしたコンテストで評価されない人たちに対する措置として、少しずつ、しかし着実に、多くの州で断種法が成立していった。コネチカット。アイオワ。ニュージャージー。性病に罹患しているなら断種すべし。てんかん持ちも断種すべし。婚外子、前科者、標準テストで点数が低かった者も、断種、断種、断種だ。

それでも実際の手術実施率は低かった。デイヴィッドの後押しで成立した政策でも、「不適者」に手術を施す前に、まず本人を法や医療、教育や福祉のシステムにつなげることを義務づけていた。

ところがその後1916年に、マディソン・グラントというアメリカ人が、[39]のちにヒトラーなる名前のドイツ人が「バイブル」と呼ぶ[40]本を出版する。その著書『偉大な人種の消滅』（未訳）で、グラントは、ある面ではゴルトンのSF的ビジョンに似た政策を提案した。国内の「道徳逸脱者、精神欠陥者、遺伝性の身体欠損者」[41]全員を、慈善活動の名のもとに集結させ、いっせいに強制不妊手術を施すのだ。[42]

アメリカの優生学支持者たちは、なんてすばらしい案だろうと考えた。それから10年と少し後、ヒトラーが強制不妊手術を認めるドイツ初の法律を成立させたとき、アメリカ人の優生学者兼医師のジョセフ・デジャネットは「われわれが始めた試合で、ドイツ人がわれわれに勝っている」[43]と悔しがった。

遺伝的浄化によって優れた社会を作るという計画に対し、アメリカ人全員が諸手を挙げて賛成していたわけではない。

強く不賛同を唱える声もあった。

１９１０年にはアメリカ法曹協会の会長が、強制不妊手術は「野蛮だ」と言った。(44) オレゴン州で反断種同盟に所属する弁護士の１人は、「独裁と弾圧のエンジン」(45) だと述べた。カトリック教会は反対陣営の中でも特に声高で、命の尊厳を侵害するという理由から反対した。

インディアナ州で世界初の断種法が成立する前年、１９０６年にペンシルヴェニア州で同様の法案が検討された際には、州知事サミュエル・ペニーパッカーが「そのような手術を容認するのは、州として保護を約束してきた（……）不遇の人々にむごたらしい行為を押し付けるものである」(46) と述べ、法案を通過させなかった。

科学界からの反対も大きかった。多くの学者が、優生学を支える科学は「たわごと」(47) であると言い、不妊手術によって根絶できると優生学者が考える特性の多く――貧困、ふしだら、無学、犯罪行為など――には本人を取り巻く環境要因が重要な役割を果たす点を指摘した。また、「先祖返り」についての考え方や、慈善行為が劣化をもたらすという発想の妥当性を疑問視する意見もあった。デイヴィッドが主張したような形で生き物が「後退する」という説に納得せず、たとえばホヤは他の種から食べ物を与えてもらう生き方をしてきた結果として動かない生き物に成り下がったという意見は疑わしいと考えたのだ。こうした懐疑派が正しかったことはのちに証明されている。

そして『種の起源』の中にも、重要な指摘があった。デイヴィッドも、そしてデイヴィッド以前にフランシス・ゴルトンも、なぜか見ようとしていなかったポイントだ。強い種を築くため、種を将来まで存続させるため、カオスがありとあらゆる形で猛威を振るっても――洪水が起き、干ばつが起き、海面が上昇し、気温が乱高下し、敵や侵略者や疫病が襲ってきたとしても――その打撃に耐えて生き延びるための最善の方法、それは何だとダーウィンは述べているか。

「変異」だ。遺伝子の変異。そして、変異によって起きる行動や身体的形質の変化。均質性こそが死刑宣告だ。種に生じた変異体や外れ値を排除してしまうと、その種は外的要因に対して危険なほど脆弱になる。

『種の起源』のほぼすべての章において、ダーウィンは「変異」のパワーを礼賛している。[48]遺伝子プールが多様なほうが、いかに健康で強くなることか。[49]異なるタイプの個体が交わることで、いかに「生命力と繁殖力」[50]の強い子孫が増えることか。

自分自身の完璧な複製を生み出せる虫や植物にさえ性の区別が備わっていて、遺伝子プールに多彩さを持ち込む。ダーウィンはこうしたことに驚嘆し、「これらの事実がどれほど奇妙であることか！」[51]と述べる。「ときおり別の個体と交雑をするほうが有利である、あるいは、それこそが不可欠なのだと考えれば、どれほど簡単に説明がついてしまうことか！」

遺伝子のポートフォリオを多様化せよ、と言い換えてもいい。[52]条件が変わったときにどの性質が役立つかは、誰にもわからない。ダーウィンは、わざわざ反論の声を想定して釘を刺すことまでしている。[53]

彼に言わせれば、危険なのは、人間の目の誤りやすさだ。複雑さを理解する能力がないことだ。「人間の目から見て『適している』という概念に合わない」[54]と思えることでも、種または生態系にとって実は利点があるかもしれない。あるいは、いつか状況が変化したときに、それが役立つのかもしれない。不格好な首がキリンをライバルに対して有利にした。重たすぎるように思える分厚い脂肪が、アザラシを気温低下の時期にも生き延びさせた。ほかの人間とは少し異なっている脳に、大多数には思いつかない発明、発見、革命を生むカギがあるかもしれない。

「人間は、外面的で目に見える形質にしか対応できない。その点で自然は外見など意に介さない（……）自然のはたらきかけは、あらゆる体内器官、体質のあらゆる微妙な違い、命の仕組みの全体におよびうる」[55]

シアノバクテリアという細菌の例で考えてみたい［訳注：日本語では「藍藻」「ラン藻」とも］[56]。海にいるちっぽけな緑の点のようなこの存在は、人間にとってはまったく重要ではなく、何世紀も名前すら与えられていなかった。

しかし1980年代のある日、科学者たちが偶然に、このシアノバクテリアが人間の呼吸する酸素を大量に生成していることを発見する。かくして、ちっぽけな緑のしみのような〈プロクロロコッカス・マリヌス〉は、私たち人間が尊び、全力を尽くして守るべき存在になった。まさにダーウィンが予言していた類のシナリオだ。

ダーウィンはなぜ、執拗に誤解の余地を排除しながら、自然が生み出すものにランク付けをする試みに反対していたのか。それは「最終的にどのグループが繁栄していくのか、誰も予測できない」[57]からだ。

この用心深さ、この謙虚さ、人間の理解を超える生態系の複雑さに対するこの崇敬の念は、実際のところ、非常に古くから受け継がれてきた考え方だ。きわめて基本的な哲学概念であり、ときには「タンポポの原則」[58]とも呼ばれることもある。タンポポは、見ようによっては刈り取るべき雑草だ。しかし別の見方をすれば、ぜひ大切に収穫すべき貴重な薬草だ。

優生学者たちは、このシンプルな相対的関係を考慮に入れていなかった。変異は遺伝子プールにとって「不可欠」[59]であるのに、その変異を遺伝子プールから取り除こうと試みるのは、実際には彼らが言うところの支配種を存続させる最大のチャンスをつぶすことにつながるのだ。

* * *

しかし、こうした主張のどれ1つとして、哲学的にも、倫理的にも、科学的にも、優生学に対するデイヴィッドの確信を揺るがさなかったらしい。

彼は、ほかの優生学支持者たちと同じく、批判派は青臭すぎる、感傷的すぎる、理解が足りなすぎるせいで大局が見えていないと切り捨てた。[60]「教育で遺伝を埋め合わせることはできない」[61]と、優生学の声明とも言うべき著書『あなたの家系図』で断言している。さらに、こう付け加えた。「アラブのことわざがずばりと言い表している。『父が雑草で、母が雑草なら、その娘がサフランになることを期待できようか』」〔訳注：アヤメ科の植物サフランから高級な香辛料が作られる〕[62]

数々の反対意見にぶつかっても、デイヴィッドはむしろいっそう強硬に、アメリカに強制的優生プログラムを設立すべく尽力した。友人で、裕福な未亡人のメアリー・ハリマンを説得して、50万ドル（現在の価値に換算すれば約1300万ドル）を寄付させている。[63]そうした資金によって、ニューヨーク州ロングアイランドのコールド・スプリング・ハーバーに新しく「優生記録局」が設立された。

優生記録局（Eugenics Record Office）、通称ＥＲＯの使命は、何万人というアメリカ人に関する膨大なデータを集めること。集めたデータで家系図を整理して、人間のあらゆる性質が血筋によって決定づけられていることを証明する。[64]貧困になるのも、犯罪に手を染めるのも、乱交をするのも、不道徳な行為をするのも、そういう血筋だからだ。ついでに、海が好きだという性質も、そういう血筋だからだ（海に愛着を感じる性質を指して「タラソフィリア」という臨床用語も作られた）[65]。

ＥＲＯが導き出した合理的発見は結局のところごくわずかで――たとえば色素欠乏症と神経線維腫症の遺伝については有益な情報が得られた[66]――大半は明らかにでたらめだった[67]。ＥＲＯの研究者たちは常習的にデータをごまかし、ゴシップをファクトにすり替えていた。現代では、世代にまたがって受け継がれたように見える貧困や犯罪傾向も、実際には悪質な環境要因が複数からみあってもたらされるという説が確立している。

権威あるＥＲＯ（ロックフェラー家とカーネギー研究所からも手厚い支援を受けていた）から多数の研究が発表されていたにもかかわらず、１９２０年代前半頃には、この話題に関する大衆の風向きは変わり始めていた。強制不妊手術を実施した医師が次々と訴えられ、ニュージャージー州の最高裁は「明らかに非人道的で非倫理的」[68]であるという理由から、断種法を無効にすると決断した。国家的優生プログラムを作るというデイヴィッドの夢も、立ち消えになるかのように思われた。

そこへ登場したのが、アルバート・プリディだ。

髪をぴっちりなでつけた写真が残るアルバート・プリディは、医師として、ヴァージニア州リンチバーグにあった州立てんかん・精神薄弱者隔離施設の院長を務めていた。彼は熱心な優生学支持者だった。女性が「男狂い」[69]であるとか、「放浪癖」があるとか、「下品な話」をしたとか、場合によっては教室でメモを回したというだけの理由で、強制不妊手術の対象にしたことが知られている。1917年にはジョージ・マロリーという男性から訴えられた。マロリーが出張に出ているあいだに、彼の妻と娘に強制不妊手術を行ったからだ。プリディ医師が主張する根拠は何だったか？　男が不在で女しかいない家は売春宿になったに違いないから、だ。

プリディの所業を知ったマロリーは、プリディに宛てた手紙で「私は人間だ。あんたと同じに[70]」と書いた。「あんたはあんた自身を恥じるべきだ（……）妻がどんな扱いをされたか、ちょっとでも考えてみろ」

裁判官はプリディの肩をもったが、施設運営側はこの訴訟に動揺し、プリディに強制不妊手術を控えるよう求めた。これに対しプリディは一連の行為を悔悛《かいしゅん》するどころか、むしろ徹底的に抗戦することにした。「精神薄弱」は遺伝性である、断種によって食い止めなければならないのである、と陪審員に証明できる例を探し始めた。[71]

そして1924年のある日、プリディは探していたものを見つけた。[72] キャリー・バックという名前の若い女性が、施設に送り込まれてきたのだ。キャリーは孤児だった。17歳でレイプされ妊娠した。出産後に里親が彼女を追い出し、施設に送った。

診療所に現れたキャリーを見て、プリディは衝撃を受けた。その顔に見覚えがある。その高い頬骨に、その悲し気な瞳に。実は、キャリーの生みの母のエマ・バックも、売春をしていたという理由で同じ隔離施設に収容されていたのだった。

キャリーとエマが親子だと気づいたプリディは、キャリーが産んだ赤ん坊ヴィヴィアンをEROの有名な優生学研究者に調べさせた。[73] その研究者はいくつかの検査を実施してる——赤ん坊の目の前でコインを動かしたり、手を叩いたりして、関心を示すかどうか調べるなど[74]——小さなヴィヴィアンには「知能の遅れが見られる」[75]と断じた。この公式評価は、プリディが何年も探し求めていたものをもたらした。「精神薄弱」が3世代にわたって遺伝する証拠だ。

キャリー・バックに強制不妊手術を施すという決定に対し、訴えが起こされ、アーヴィング・ホワイトヘッドという弁護士が彼女の代理人になった。[76] しかし、断種の歴史を追った学者ポール・ロンバルドの調査によれば、ホワイトヘッドは強制不妊手術の支持者で、どうやらプリディとグルだったらしい。法廷でキャリーが「無能で無教養で無価値な階層」であることが糾弾されても、ホワイトヘッドは多少なりとも依頼人を守れるような情報（学校の成績はよかったし、近所の人も教師たちも彼女の性格を保証すると言っていた）をいっさい提示せず、ただ判決を不服として上訴を繰り返し、連邦最高裁までもつれこませた。

それが1927年だった。4月のことだ。デイヴィッド・スター・ジョーダンは76歳になり、さすがに衰えを感じ始めていた。ちょうど1年前、息子のエリック――バーバラのかわりに誕生したかわいいエリックは、成長して古生物学者になった[78]――が採集旅行に向かう途中で自動車事故に遭い、22歳でこの世を去ったのだ。悲しみと疲労で、デイヴィッドは弱くなっていた。

目に悪影響のあるホルムアルデヒドを長年扱ってきたせいで、視力はだいぶ低下していた。糖尿病も進み、2、3年もすれば車椅子が必要になる見込みだった。[77] けれど、そんなときにラジオから聞こえてきたニュースに、彼は急に力が湧き上がってきたのではないだろうか。

デイヴィッド自身の支援によって設立された優生記録局、ＥＲＯの科学者たちが最高裁で証拠を提出するという報道だった。「倫理観の乱れ」[79]は血に刻まれたものであり、強制不妊手術を通じて絶滅させることが可能だという証拠だ。かつてデイヴィッドの思考の中にぼんやりと浮かんでいた発想が、彼自身の尽力による結果として、こうして実態をもった。連邦最高裁まで来たからには、連邦法のお墨付きが得られる段階へとリーチがかかったという意味だ。

強制不妊手術は市民を犯罪、病気、貧困、災厄から守るための妥当な方法である――そう示す証拠と、小難しい専門用語の数々と、複雑な家系図の資料を、最高裁判事９人がまじめな顔で検討した。この少女、キャリーについても検討した。この子は臆病で、人を信じやすい。最初の聴聞会で、何か自分で言いたいことがあるかと聞かれたときのキャリーは、「いいえ、ありません……みなさんにお任せします」[80]と答えた。「みなさん」は８対１で、「人間が無能な者ばかりになることを防ぐため」[81]という理由から、ヴァージニア州における強制不妊手術は合憲であるという判断を下した。

５か月後、キャリー・バックはヴァージニア州リンチバーグの隔離施設にある低いレンガ造りの建物に連れていかれた。2階の手術室では、照明とは別に天窓から光が差し込んでいた。[82] キャリーは手術台に寝かされ、恥骨の少し上を切開された。外科医がプローブを使って卵管の場所を確認し、片方ずつすばやく結紮《けっさつ》した。絶対につながることのないよう切断面をそれぞれ石炭酸で封もした。[83]

次に目を覚ましたとき、キャリーを待っていたのは新しい現実だった。彼女の特徴的な瞳を受け継ぐ子ども、彼女のユニークな形質の組み合わせを受け継ぐ子どもが、これ以上は1人たりとも大地を歩くことはない。「あの人たちは私に悪いことをしました」[84]と、彼女はのちに語っている。「私たちみんなに、悪いことをしたんです」

キャリーの判決が事実上の皮切りとなって、アメリカ全域で6万件以上の強制不妊手術が「公共福祉」[85]の名のもとで合法的に、当事者たちの意思を無視して行われた。こうした「不適者」の多くはそのまま忘れ去られた。けれど、発掘できたエピソードを二度と埋もれさせないために闘っている研究者たちがいる。

2007年にはミシガン大学の歴史学者アレキサンドラ・ミンナ・スターンが、カリフォルニア州サクラメントの政府事務所にあった古いフィルム棚で、マイクロフィルムのリールをひとそろい発見した。[86] 優生プログラムの記録を収めたフィルムだ——デイヴィッドの第2の故郷であるカリフォルニアで1919年から1952年までに強制不妊手術を受けた全員の名前と、属性情報などが記録されていた。2万人近い名前がそのリストに載っていた。[87]

スターンの研究チームは何年もかけて記録の分析を進めるとともに、「不適者」とは具体的に何を意味したのか、どんな人々がそのカテゴリーに入れられたのか、全体像を明らかにしている。スターンの記述によれば、不適者とみなされたのは「多くの場合、『性的に奔放』であることが目についた若い女性」[88]だった。それから「メキシコ、イタリア、日本からの移民の息子や娘」。さらに「性規範を逸脱している男女」。別の研究では、有色人種の女性が偏って多く強制不妊手術の対象となったことが確認された。[89]

アメリカ政府は、1970年代に2500人以上の先住民女性が強制的に不妊手術を受けさせられたことを認めている。[90] ノースカロライナ優生委員会は1960年代と70年代に黒人女性数百人を探し当てて手術を施した。[91] さらに、1933年から1968年にかけて、アメリカに住む全プエルトリコ系女性のおよそ**3割**がアメリカ政府によって手術を施された。[92] 数字を考えると気が遠くなる。

ちなみに、これらすべてを可能にした判決は、今も法として有効性をもっている。当然だ。最高裁の判決は覆らない。政府があなたを「不適者」とみなしたならば、当局はあなたを家から引きずり出し、あなたの腹部に刃物を突き刺し、あなたの血筋を途絶えさせる権限を有している。このことは、この国の一番高いレベルにおいて、今も法の制度に書き込まれている。

法学者に意見を聞けば、ほぼ例外なく、この判例は実質的に宙に浮いた状態だと言うだろう。州はどこも断種法を無効化したからだ。しかし現実として、アメリカ全州のうちほぼ半数において、不適者とみなされた人々に対する非自発的な断種手術は今も容認されている。使われる言葉が昔とは異なり、現在では、精神的な理由により判断能力がないとされる「精神的無能力」、あるいは「精神的欠陥」[93]と言われているだけだ。

「静かな方法」で行われる強制不妊手術も全国各地で続いている。大半は記録に残らないし、発見も難しい――低所得地域の病院で、薬物依存症患者の療養所で、刑務所で、障害をもつ人のための施設で、その他にもさまざまな場所で、強制的に手術が行われる――のだが、何年かごとに、大々的な事例が明るみに出る。

たとえば2006年から2010年までのあいだに、カリフォルニア州の複数の刑務所で、150人近い女性が非合法な不妊手術を受けた[94]。本人の同意はなく、場合によっては本人に不妊手術だと知らされないこともあった。2017年夏には、サム・ベニングフィールドという名前のテネシー州の判事が、軽犯罪者に刑期短縮の交換条件として断種手術を受けるよう求めていたことが明らかになった[95]。

どれもこれも同じだ。同じ発想だ。ゴルトンと同じゆがんだ発想。貧困や苦境や犯罪性は血筋の問題であり、メスを振りかざして社会から取り除けばいいという、誤った確信。優生学的イデオロギーはこの国で死滅してなどいない。私たちは今もまだそれを執拗に抱えている。

ワシントンの国立公園ナショナルモールを歩き、21番街の通りまで来て、北を向くと、そこに彼の姿が見える。フランシス・ゴルトンの銅像だ[96]。この国の科学の神殿である米国科学アカデミーの入り口に建っている。そしてスタンフォード大学キャンパスでメインの遊歩道を歩いていくと、最初に出迎える銅像の1つがルイ・アガシの像だ。黒人は下等人種だと信じた人物が、今もコリント式扶壁柱から睥睨《へいげい》している。

その背後にある巨大な石造りの建物、ぐるりとアーチを備えた瓦ぶき屋根の建物は、社会のもっとも脆弱な層の「絶滅」を訴えて全国を行脚《あんぎゃ》した人物の名前を冠している。「ジョーダン・ホール」だ。

第II章
はしご

THE LADDER

デイヴィッド・スター・ジョーダンは、死ぬまで熱烈な優生学支持者であり続けた。最後の瞬間に気づきや悔恨に至ったと示唆する証拠は何もない。彼のはたらきかけによって傷を負い屈辱を味わわされた甚大な数の人々に対して、なにがしかの後悔を抱くことはなかった。彼自身が権力維持のために踏みにじってきた人たち――ジェーン・スタンフォード、デイヴィッドが名誉を毀損したハワイの医師たち、解雇したスパイ、性的倒錯者だという中傷を浴びせた図書館司書――に対しても、何も。

背筋が寒くなる思いだった。彼の残忍さに。彼の悔恨のなさに。彼が転落した堕落のあまりの深さと、暴虐の限りを尽くした範囲のあまりの広さに。私は気分が悪くなった。結局のところ、私は悪辣非道な人間に心酔していたのだ。自信過剰すぎて、自分の考えは正しいと思い込みすぎて、理性を無視し、倫理を無視し、過ちを認めてほしいと彼に請い願う何千何万もの人々の叫び――「私は人間だ。あんたと同じに」――を無視することができてしまった人間に。

どうしてそんなふうになったのだろう。

「世間の目に触れぬ、取るに足りないもの」[1]を慈しむことにあれほど心を砕いていたやさしい少年が、どういう経緯で、まさに「世間の目に触れぬ、取るに足りないもの」を喜んで抹殺していこうとする男に変わったのだろう？　彼のストーリーのどこで変化は起きたのだろう？　なぜ変化したのだろう？

デイヴィッドの心理がつまびらかにされている自伝を見る限り、一番顕著な犯人は、彼の分厚い「楽観主義の盾」であったように思える。その盾を本人は誇りに思っていた。歴史家ルーサー・スピアーに言わせれば、デイヴィッドには「自分が望むことは正しいと自分自身を信じ込ませる、おそるべき能力」[2]があったのだ。

デイヴィッドの揺るぎない自信、その自己妄想、その頑迷さが、年月を経るにつれいっそう増大するばかりであったことについて、スピアーは「邪魔者は何倍もの力で叩き潰し、自身が歩む道は進歩につながる正義の道だと確信する彼の能力」[3]と表現し、驚きを示している。表向きには大衆の勝手な妄想を強く批判していたデイヴィッド自身が、内面においては、まさに自分に都合のよい妄想に浸っていたらしい。

むしろ、苦境にあるときほど、強く妄想を信じた。「運命を決めるのは人の意志」だと確信していた。ポジティブ・イリュージョンを野放しにして、立ち塞がるものすべてをポジティブ・イリュージョンで蹴散らしていると、その力はいずれ煮詰まって危険なものに変わりうる――そう警告する心理学者たちは正しかったようだ。

けれど、それですべての説明がつくだろうか。デイヴィッドはどのようにしてあれほど強く、あれほど徹底的に、自身の優生学アジェンダを推し進めることができたのか。自信過剰、やり抜く力、そしてプライドが混ざれば危険なカクテルができあがることは間違いないが、彼が遺伝的浄化という**大義**にかくも熱狂的に身を捧げた理由が、それだけで何もかも説明できるとは思えない。

私はもう一度資料に戻った。デイヴィッドが握る舵を傾かせ、こんなにも破壊的に軌道を外れさせた転換点、出来事、着想の痕跡を探した。自伝の各章を読み直し、太平洋沿岸の各地をめぐった船旅や、パロアルトに作ったエデンの園や、ブルーミントンで体験した火事や、ニューヨーク北部で夜空を眺めて過ごした少年時代の思い出にあらためて目を通した。彼のさまざまなエピソードを1年ごとに整理し、彼が出会ったものたち、その瓶を、その魚を、1つずつ棚卸をしていった。

最終的に行き当たったのは、ペニキース島の納屋だ。天井近くを旋回するツバメたちの下で、ルイ・アガシが若きデイヴィッドの思考に植え付けた思想の芽を、もう一度考えてみる。それは、「自然界にははしごがある」という信念だった。自然の階梯(*Scala Naturae*)。細菌から人間に至るまで、上に行くほど客観的に優れたものが配列されているという、神聖なるヒエラルキー。

この思想がデイヴィッドの世界をがらりと変えた。それまでは後ろ指をさされる対象だった生物採集という習慣が、この信念を知ったことで、「序列の最上位にいる者が行う布教活動」(4)に変わった。彼の胸をほとばしる使命感で満たした。彼はその追い風を帆に受けて人生の波間を疾走し、数々の仕事を、賞を、妻たちを、子どもらを、学長職を手に入れてきた。

1度目の災害、そして2度目の災害に見舞われても、使命感を燃料として仕事に邁進した。コンパスを見るように自然を凝視し、魚のひれや骨格の形に道徳の導きが隠されていると信じて、彼は進み続けた。生き物を充分に詳しく調べれば、人間が取り込むべきものと切り捨てるべきものを突き止められると確信していた。すべてを理解した状態へ、完全なる平和へ、はしごのてっぺんに実る果実へと至る真実の道を探り出せるはずだ、と。

人類という種が転落しつつあると思えたときには、手段を問わず必要な策を講じて救わねばならぬと考えた。自然の秩序に関する信念を刀のように振りかざして、強制不妊手術は人間を救う一番妥当な――そして唯一の――方法なのだと人々を説得した。

「オリヴァー・クロムウェルがかつて言ったことを、彼が考慮していたら、と思わずにはいられない」(5)とスピアーは語った。

6月のある日の午前、私がスピアーに電話で取材をしたときのことだ。デイヴィッド・スター・ジョーダンを長年研究してきたスピアーは、彼について筋の通る解説を試みてくれた。オリヴァー・クロムウェルが言ったことを考慮していたら……。17世紀イングランドの政治家クロムウェルは、「どうか、後生だから、考えていただきたい。あなたが間違っているかもしれないという可能性を」という発言をしている。

「デイヴィッドが、もっと疑う心を持てていたらよかったのに、ということでしょうか」と私は尋ねた。

「そうだね」とスピアー。

デイヴィッドは疑う心を持たなかった。彼の預言者アガシが警告していたにもかかわらず──「科学とは、全般として、何かを信じることとは対極にあるものだ」──デイヴィッドは、自然界にはしごがあるという考えに固執した。その発想を最終的に打ち砕くことになる反証の数々に直面しても、彼は自身の信念にしがみついた。

ダーウィンが神の計画などというものはないと看破したとき、デイヴィッドは、地上の生き物が偶然的に生まれたのだというダーウィンの説を受け入れた。しかしどうしてか、完璧な生き物を頂点としたヒエラルキーがあるという発想のほうは、捨てずに維持する方法を見つけた。神はヒエラルキーを築いてはいない、時間がそのヒエラルキーを築いたのだ、と理解したのだ。より適した者を、より知的なものを、より道徳的に進んだ命の形を、悠久の時間が形成していったのだ、と。

彼の優生学アジェンダに反対する声の高まりにぶつかったとき、判事や弁護士や州知事が断種法を撤廃し始めたときには、デイヴィッドは彼らが感傷的で非科学的すぎると書いた[6]。では、**科学者が**優生学に疑問を呈したときは、どうだったか。倫理観は遺伝するという主張や、退化の考え方がどれもこれもいい加減な思い込みであることを科学者たちが指摘したときには、デイヴィッドは、彼らは社会をよくしていくための大義を果たそうという度胸がない、大義への忠誠心がないと糾弾した。

けれど、おそらく一番痛烈に彼を批判していた存在は、ほかにいる。自然そのものだ。デイヴィッドが自身のアドバイスを守り、真実を求めて自然をしっかり観察していたならば、彼にも見えていたはずだった。まばゆく軽やかな、やかましくにぎやかな反証の数々。それは、人間の優越性の根拠とされる尺度のほぼすべてにおいて、実は動物のほうが人間に勝っているという事実だ。

カラスの中には人間より記憶力に優れたものがいる。[7] 人間よりも優れたパターン認識力をもつチンパンジーがいる。[8] 傷ついた仲間を救出するアリたちがいる。[9] 一夫一婦制を高確率で守り抜く住血吸虫がいる。[10]

この地球上の多種多様な生命を具体的に調べていったとしたら、人類を頂点とする単一のヒエラルキーにすべてを収めることなど、アクロバットを相当に繰り返さなければできないはずだ。私たちが一番大きな脳を持っているわけではない。一番記憶力がよいわけでもない。一番速くもない。一番強くもない。一番繁殖力に優れてもいない。

同じ相手と添い遂げるのも、利他的な行動をするのも、道具を使うのも、言語をもつのも、私たち人間に限ったことではない。受け継ぐ遺伝子の数が一番多いわけでもない。自然界において一番新しく生まれた種ですらもない。

ダーウィンが『種の起源』の読者にわからせようとあれほど力を尽くしていたのは、このことだ。はしごなど存在しない。自然は飛躍せず、と彼は科学者の言葉で訴えている。[11]はしごの段が見えるように思えるのは私たちの想像の産物だ。真実ではなく、「便宜上」の認識と言うほうが正しい。

ダーウィンにとっては寄生生物すら嫌悪の対象ではなく、むしろ驚嘆の対象だ。[12]絶大な適応力の実例だ。大きなものも小さなものも、羽毛のあるものも光るものも、ごつごつしたものもすべすべしたものも、ありとあらゆる種類の生き物たちは、この世界で生き延び繁栄していく方法が無限にあるという証拠なのだ。[13]

なぜデイヴィッドにはそのことがわからなかったのか。はしごを否定する証拠は山のように積み重なっていたのに、植物や動物がどのように配列されるべきかという勝手な発想を、なぜ彼は守り続けたのか。反論を受けたときにも、なぜ自分の意見をいっそう強硬に主張し、あのような残酷な措置を正当化する根拠として振りかざすばかりだったのか。

おそらく、はしごの信念が、彼にとって真実よりも重大なものを与えていたからではないか。

ペニキース島で若き青年の心に火をともした使命感だけではない。キャリア、大義、妻、裕福な生活だけではない。何か、それよりももっと、ずっと深遠なもの。

それは、海に、星たちに、そして彼の波瀾万丈な人生に居座る混沌とした渦を、「はっきりとしたきれいな秩序」へと整理していく道だ。

秩序を築く試みを手放してしまったら、それが彼の人生のいついかなる段階であったとしても――ダーウィンの著書を初めて読んだ時点から、優生学を広めるべく人生最後の後押しをしていた時点まで――渦への逆戻りを招いてしまう。迷える小さな少年へと、兄をたった今奪っていったこの世界の前で震える少年へと、自分自身が舞い戻ってしまう。世界を理解する方法も制御する方法もなく、ただ怯えるだけの無力な子どもへ。

ヒエラルキーの追求を手放すというのは、人生をかき乱す嵐を、おそろしい虫やタカや細菌やサメたちを、彼の周囲に、彼の頭上に、渦を巻いて解き放ってしまうことになる。

そうなったら、もう何もかもがわからなくなる。

世界はカオスになってしまう。

それはきっと……。

……それはきっと、私自身が小さかった頃からずっと、一生懸命に見ないようにしてきた世界の光景と同じだ。世界の端からまっさかさまに転落して、アリたちや星たちと一緒にどこまでもどこまでも、何の目的も意図もなく落下していくという感覚。カオスの渦の内側から放たれるまぶしく容赦のない真実を見せつけられる感覚。**おまえの存在に意味はない**。

はしごがデイヴィッドに差し出していたのは、そうした渦に呑まれないための防御手段だったのではないか。落下しないでいるための足場だ。自分には意味があると思わせてくれる、やさしくもあたたかい感覚だ。

そうした視点で見るならば、自然界の秩序というビジョンに彼が必死にしがみついていた理由も理解できる。倫理に反して、理性に反して、真実に反して、彼が秩序のビジョンをあくまでして強固に守り抜いていた理由。それは私と同じだ。秩序にしがみついた彼を軽蔑してはいたけれど、あるレベルでは、私もまったく同じものを渇望していた。

★★★

私はデイヴィッド・スター・ジョーダンの自伝を閉じた。深緑色の表紙がついた自伝の下巻を、シカゴで、居候しているヘザーのアパートで、その狭い一室のベッドサイドテーブルに置く。夜の空気は静かだった。今夜のヘザーは街外れの恋人のうちに泊まっている。都会のネオンが窓から侵入している。

星は少ししか出ていなかった。目には見えなくても、星は確かにそこにある。人間が夜空に排出している汚れたピンクのもやの向こうでまたたいている。それまでの私が離脱したくてたまらなかった現実に、このときの私は戻ってきていた。荒涼とした現実の世界に。

逃げ場はない。何をしようと、自分の使命をどれだけ強く信じようと、どれだけ激しく悔悛しようと、何の約束ももたらされない。私は、自分の人生におけるたくさんのよいものを、自分の手で台無しにしてきた。これ以上は自分に嘘をつき続けるわけにはいかなかった。

くせ毛の彼は、二度と戻ってこない。デイヴィッド・スター・ジョーダンは、私の人生をちゃんとしたものへと変えてくれたりはしない。カオスを克服する方法などない。何のガイドもない。ショートカットもない。すべてがいずれ大丈夫になると請け合う魔法の呪文もない。

希望を手放したなら、そのあとは、どうすればいいのだろう。私たちはどこへ行けばいいのだろう？

第12章

タンポポたち

DANDELIONS

リンチバーグへ向かう道は、道路脇にエンドレスで銃販売店が並んでいた。ガソリンスタンドでも銃を売っている。「グロックピストル新入荷！」「射撃練習場あり！」「弾薬25％OFF！」

　私が車で向かっていた先は、ヴァージニア州立てんかん・精神薄弱者隔離施設の跡地だ。柵で囲まれたその収容所で、かつてデイヴィッドの大胆な案が実行されていた。何千という人々が社会から隔離され、閉じ込められ、そして強制不妊手術を受けたのだ。

　ジェームズ川を越えたあと、右に曲がり、コロニーロードに入る。1マイルほど続く一車線の舗装道路だ。隔離施設《コロニー》の入り口手前に砂利敷きの車寄せがあって、そこからブルーリッジ山脈が見渡せた。ほんのちょっと向こうでラベンダーの波が揺れている。

　門のところまで来ると、ここにはもう門などないことがわかった。通りすぎる車にかつての敷地境界線を知らせるかのように、れんがを積み上げた塀が片側にあるだけだ。看板が、ここは禁煙の施設です、と教えていた。それから、現在は「セントラルヴァージニア職業訓練所」という名前であることも。ここでは今も障害をもつ人々が住んでいるのだと知って、私は衝撃を受けた。州の養護施設として現役で運営されているのだ。ただし、私の訪問から2年ほどあとに生活環境としての不備が判明し、施設は閉鎖されることになっ

た。(1)

敷地は想像したよりも広かった。数百エーカーの広さに60以上の建物が点在している。薄気味悪いレンガ造りの建物の前で私は車を止めた。4階建てで、白い塔があって、広い外階段を上がった先に6本の白い柱に支えられたエントランスがある。ここが中央棟だった。かつて多くの人が集められ、調べられ、遺伝を後世に残すには不適格であるとの宣告を受けた。今、駐車スペースに見える車はほかに1台だけだ。パトカーが2台分のスペースにまたがって停まっている。ここに私がいてもいいのかどうか不安になりつつ、おそるおそる、車を降りる。

敷地内の小道を歩いてみた。側面に黒いモールディングを施した建物の横をいくつも通り過ぎる。どれも今は使われていない。敷地内で今も機能している場所は、これらのおぞましい過去の遺物からは少し離れた丘のふもとだ。かつて施設の収益確保のため、収容者たちがウシやブタの世話をさせられていた納屋、さまざまな穀物の栽培作業をさせられていた畑の跡地の横を通り過ぎる。(2)

あずまやもあった。ブランコもあった。墓地もあった。ふだんより広く見える空でコンドルが旋回している。

墓地のゲートを通って中に入ってみると、そこには1000基以上のお墓があった。[3] エマ・ビショップ、18歳。ドロシー・ミッチェル、12歳。アルフレッド・スナイダー、3歳。どの墓碑も小さく平たい長方形で、砂埃をかぶっている。

さらに歩き続ける。この人里離れたわびしい丘が、優生学にもとづく処刑の発祥地だったと考えると、うすら寒い思いが込み上げてくる。まさに、この国の国家的アイデンティティとは正反対だと私たちが思う思想――ナチスをはじめとして、学校教育で「悪人」として教える邪悪な者たちの思想――そのものによって、この国は世界でも先陣を切って強制不妊手術を国家政策にしたのだ。[4]

キャリー・バックが手術を受けた建物にたどりついた。背の低い箱のようなレンガ造りの建物で、隅が朽ちかけている。ポーチの床板は抜け、排水管はとうの昔にさびついている。外階段には鎖が張られていて、それ以上は中に踏み込めない。「危険：入らないでください」

ポーチの下にある地下室の窓が開いていたので、私は身をかがめて中を覗き込んだ。壁がぼろぼろになった部屋がいくつも並んでいる。冷たい空気が吹き上げてきて顔を直撃した。身を起こし、今度は最上階の窓を見る。窓4つのガラスはどれも外れていて、白いカーテンが風に揺れていた。日差しから守るべき誰か、傷ついた心身をなぐさめてやりたい誰か、身を隠してやりたい誰かは、もう室内に残っていないことを知らないかのように。

キャリー・バック本人に、ここで何があったか尋ねることはできない。彼女は1983年にヴァージニア州内の介護施設で亡くなった。キャリーの娘ヴィヴィアンはその数十年前に、はしかによる合併症で、8歳でこの世を去った。地元の小学校で成績優秀者に選ばれた直後だった。[5]

けれど最終的に、何か月も捜した末に、私は施設についてよく知る女性を見つけることができた。少女時代の大半をこの場所に閉じ込められていた女性だ。名前はアナという。誰の母親の友達にもいそうなタイプだ。ショートカットのグレイヘア、花柄のブラウス、手には小さなポーチ。

彼女に初めて会った日、私たちはデイリー・クイーン〔訳注：アイスクリーム店〕で待ち合わせをした。チョコがけバニラアイスクリームを2人ともコーンで選んだ。アナのブラウスの下には、腹部に垂直に走る大きな手術痕があるという。切開の痕は今では紫色で、ところどころ盛り上がっている。着替えをするとき、シャワーを浴びるときには、鏡に映る傷をできるだけ見ないようにしている、とアナは語った。「毎日考えてしまうんですけど」[6]

彼女は19歳のときに、リンチバーグの隔離施設で、意思に反して不妊手術を受けた。1967年のことだ。[7]ただし、施設に収容されたのはそれよりも12年前。[8]彼女はたった7歳だった。自宅の裏の家畜を入れた囲いの中で、兄弟たちと一緒に子どもだけで裸になって遊んでいるのを近所の人に目撃された。州の職員がやってきて、彼女と兄弟たちを連行した。行きたくなかったけれど、聞き入れてもらえなかった。

アナはママが大好きだった。ママの長い髪も、ママが着るオーバーオールも、寒い夜にはママのベッドで一緒に寝かせてくれることも。けれど、近所の人たちが子どもらの素行に懸念を抱いたこと、両親が貧しいこと、そして知能テストでアナの成績が悪かったということだけで、この7歳児を「不適者」とみなすには充分だった。この子は人類に対する脅威だ、と。

アナを乗せたパトカーが、丘の上の施設へと続く長くて狭い道路を走っていたときのことを、彼女は今も覚えている。門は開いていて、警備員が手を振って車を通した。アナと兄弟たちは一緒に広い外階段をあがって、薄気味悪いレンガ造りの建物に入った。自分たちがなぜそこに来たのか見当もつかなかった。

手術はすぐに行われたわけではなかった。最初に、長かった髪をばっさり切られた。次に、収容者番号を割り当てられた。最後に、待つように言われた。1年、また1年と、彼女は待たされた。門の向こうの世界で同年代の子たちが自由に走り回っているのが、かなり遠くに青いシルエットで見えていた。

施設では動物のように扱われた、とアナは語る。寝場所はみんな一緒の大きな部屋。労働は無給。食事のときは、雨が降っていても、みぞれが降っていても、屋外に一列で並ばされた。

従わなければ「まっくら部屋」に閉じ込められた。照明もなく窓もない。暗闇の中、ときには数日間も放置される。トイレもなく、食事も水も与えられない。はだしの足元におしっこが水たまりになったのを彼女は今も覚えている。レイプされた話をするときは口ごもった。まっくら部屋でのことではなかった。施設の精神科医の診察室だ。医師はドアを閉め、診察台の上で彼女の両脚を固定した。

施設を出たいなら簡単だよ、と言われていたという。手術に同意すればいい、そうすれば自由になれる。けれど小さなアナは拒んだ。手術台で死ぬ人もいると聞いていたからだ。(9) 敷地内の小さな墓地にだんだんと墓碑が増える様子も目にしていた。

それに、彼女は将来自分の子どもをもちたかった。子どもを何人か産むというのが唯一の夢だった。笑いがいっぱいのあたたかくてにぎやかな家庭を作りたいと思っていた。作れるという自信もあった。施設側もある意味でそのことを知っていたに違いない——施設におけるアナの仕事は、ほかの子のお世話だったからだ。風呂に入れ、歌を歌い、パジャマを着せ、寝かしつける。アナは収容された子のお世話係には向いている、しかし自分自身の子を育てる資格はない、と判断されていたのだった。

アナは何年も手術を拒み続けた。誰かが——両親か、学校の校長先生か、正義のために闘ってくれるどこかの誰かが——迎えにきてくれるという希望を持ち続けた。自分自身の未来にとっておきたいアイデンティティ、「母」というアイデンティティを、ここに閉じ込めている人たちに譲り渡すことを拒んだ。わが身がつぶれないでいるための希望の源を差し出すことを拒んだ。

1960年代初頭のある日、施設に新しく1人の少女が連れてこられた。名前はマリーといった。マリーは震え、怯え、家に帰りたがっていた。「『心配しないで、大丈夫だからね』って、私は言ったんです」[10]とアナ。当時13歳になっていたアナは、小さなマリーの保護者になった。ブランコに乗せて押してやり、男の子を怖がってアナの服にしがみつくマリーを守り、接触しないほうがいい職員と飴をくれる職員を教えた。アナがいなければ施設で過ごした時期をどう生き延びられたかわからない、とマリー自身がのちに私に話している。[11]

やがてアナは思春期を終えて大人になった。育ってきた新たな筋肉——脚の、そして思考の——を活かして、アナはフェンスを越えて森へ逃げ込んだ。木々のあいだを抜け、山脈のほうへ、線路のほうへ、とにかく元いた場所ではないほうへ、丘を下って走った。けれど街にたどりつくより先に警察につかまり、施設へ連れ戻された。背後で門が閉ざされ、逃げようとした罰で叩かれた——頭が壁に激突するほどに。

不適者。誰かのジャッジではなく、ただただ事実として、彼女は**不適者**なのだ。

その後、1967年8月の蒸し暑い日、[12]アナが19歳になって2か月くらいした頃に、健康診断をすると看護師に言われた。検査室に連れていかれ、顔にマスクを装着され、そのまま放置された。周囲の壁がだんだん波打ってぼやけてくる。安楽死させられるのだろうと思った。「終わりなんだと思いました。もう目は覚めないんだろうな、って」と、アナは私に語っている。「結局目は覚めましたけど」

確かに意識は戻った。けれど腹部には包帯が巻かれていて、25針の雑な縫い痕が、強奪が行われた現場を隠していた。彼女に何をしたのか誰も話さなかった。もう施設を出られるよ、と言われただけだ。

現在のアナは、かつて隔離施設があった丘から数マイルだけ離れた町で、寝室2つのアパートに住んでいる。同居人は施設時代からの親友、マリーだ。10年ほど前から一緒に住んでいる。施設から解放されたあと、マリーはアナの兄弟であるロイと結婚した。その結婚は長く続かなかったけれど、アナとマリーは義理の姉妹として法的に家族になったという感覚がとても気に入ったので、その後もずっと姉妹と名乗っている。

私がアパートを訪ねると、アナがドアを開けて出迎えた。マリーはレイジーボーイ［訳注：リクライニングチェアの商品名］に座ったまま、私に向かって杖を振り、ハグを求めた。鳥たちのにぎやかな声が聞こえる。2人が飼っているつがいのインコだ。名前は

「ぼくちゃん《プリティボーイ》」と「かわいこちゃん《プリティガール》」で、色は片方が黄色でもう片方は青。室内はジャングルだった。ツタと多肉植物がところ狭しと飾られ、観葉植物のフィロデンドロンの鉢がいくつも吊るされている。ソファの上で、まっしろのベビー服にちっちゃなピンクのスニーカーを履いてまっすぐ座っているのは、一体のお人形だ。青いおめめはビー玉で、おロはプラスチックだけれど、本物の赤ちゃんそっくりに見える。

マリーが私にハグをしているあいだに、アナが手早くキッチンからアイスティを持ってきた。すかさずマリーのグラスにもアイスティを注ぎ足す。それからマリーの隣の対になったレイジーボーイに腰を下ろして、施設を出たあとの話をした。最初は同じ通りの別の家に住んだのだという。

「アナに子どもの世話はできないってあの人たちは言ったけど、うちの子の面倒をばっちり見てくれたわよ」(13)とマリー。マリーは強制不妊手術を受けずに施設を出ることができ、何年も経ってから、2人目の夫とのあいだに息子を授かった。数軒隣に住んでいたアナは、呼ばれればいつでもベビーシッターをしに駆けつけたという。「必要なときはいつだって、いつだってそばにいてくれた」

「ほんとにとってもかわいくてね」とアナ。公園に散歩に連れて行ったこと。追いかけっこが大好きだったこと。きゃあっと笑い声をたて、後ろを振り返っては、アナがちゃんと自分を追いかけてきているか確認していたこと。

アナの言葉がそこで途切れた。「ずっと子どもがほしかったんです。でも、自分ではもてなかった」

「まったく」とマリーは宙で手を振り回し、すぐさまジョークを飛ばした。増えたのは子どもだけではない。「子育てって出費がとんでもないのよ！」

アナの肩が揺れ始め、すぐにマリーにも伝染した。室内に笑い声が響く――マリーのがらがら声と、アナの控えめなくすくす笑い。

アナが1枚の写真をもってきた。マリーの息子の写真だ。今はもう立派な大人になっている。髪は黒く、映画俳優みたいなシュッとした顎で、彼自身の子どもたちを抱きかかえている。

「あんたの赤ちゃんのことも話したら」とマリーに促され、アナはようやくソファに座る人形を私に紹介してくれた。「リトル・マリーっていうの」。アナはどこへ行くにもリトル・マリーを連れていく。教会にも。ウォルマートにも。寝るときもいつも一緒だ。

2年ほど前に、猛烈なつむじ風で、当時アナたちが住んでいたトレーラーハウスが大破したことがあった。アナと人間のマリーはちょうど外出していたけれど、人形のマリーががれきの下敷きになってしまった。それ以来、この子を1人にしておくのは耐えられないのだという。

マリーが会話に割り込み、人形を連れ歩くアナはときどき奇異の目を向けられるのだと説明した。ちょうど数日前にも、バスで乗り合わせた女性がアナをじろじろ見てきた。「だからアナに言ったのよ。『その子を横に置いちゃダメ、ちゃんとだっこして！　他人が言うことなんて気にしないの。その子はあんたの赤ちゃんでしょ』って」

アナはマリーの話を聞きながら微笑み、人形のつるつるの頭に軽くキスをした。おもちゃの哺乳瓶をプラスチックの唇にあて、見えないミルクを飲ませる。そして胸元に引き寄せ、包み込むように抱擁してから、やさしく揺らしてげっぷをさせ、コットンのベビー服を着た背中を叩く。

デイヴィッド・スター・ジョーダンのような人間についてどう思っているか、私はアナに尋ねてみた。彼女からあまりにも多くを――自由を、子どもも時代を、子どもを持つという夢を――奪うことになった思想を広めた者たちを、どう思っているか。怒りを感じている、という答えが返ってきた[14]。

けれど、その怒りに意識を集中しないようにしている、とアナは話した。腹部の傷もできるだけ見ないようにしている。今のアナは、彼女にはこんな生活を与える必要はないと優生学支持者たちが考えたであろう生活を送っている。冷たく冷やしたアイスティを楽しむ。植物に水をやる。絵を描く。何ページも何ページも、楽しい動物たちの絵があった。サーフィンをするキツネの絵。カヤックをするオオカミの絵。ウサギ、カタツムリ、チョウが一列に並んで踊っている絵。お金をやりくりして親友にプレゼントも贈る。

去年は、マリーの息子と孫たちがクリスマスに訪ねてこられないことがわかったので、アナは大急ぎで出かけて、思いつく限り最高のプレゼントをマリーのために手に入れた。命のある、呼吸もする、心臓がとくとく動いているハムスターだ。マリーは一目見たとたん夢中になった。「シュガーフット」と名前をつけて、毎朝どんなふうにこの子に挨拶しているか私に見せてくれた。ケージから取り出し、ハムスターがひくつかせるちっちゃなほっぺを自分の頬にくっつける。咽喉がごろごろ鳴る音まで聞こえてきそうだ。

室内に飾ってある鳥かごの中にミニチュアのミラーボールが設置してあって、それが日差しを受けて回転し、部屋中に小さなきらめきを無数にまきちらす。ぼくちゃんとかわいこちゃんが、手拍子をするように羽をばたつかせる。

午前の時間が流れる中、それぞれのグラスの氷がからんからんと音を立てる。このリビングルームはひとときも静止していない。光があふれ、笑いがあふれ、あたたかさであふれている。生きている。

★
★
★

2人のアパートから帰る車の中で、私は優生学支持者たちの信念について考えた。アナたちのような存在には生きる価値がない、社会にとってきっと害になる、と彼らは信じたのだ。怒りがこみあげてくる。

アナの腹部にあるねじくれた傷についても考えた。自分の身体を見下ろして、そこに最高裁が認めた無価値の烙印を目にするというのは、どんな気持ちがするものだろうか。その紫色のリボンは贈り物という位置づけだった。本当は即座に抹殺したいところだが、そうせずに残りの人生をまっとうさせてやるという、国のお慈悲のしるしだった。そんな意図を理解させられるのはどんな気持ちがするものだろうか。

デイヴィッド・スター・ジョーダンが、もしも私の姉を見ていたら、おそらく姉を不適者と認定しただろう。何しろ姉は店のレジ係すら務まらない。そしておそらく私のことも不適者と認定しただろう。私の顛末は彼から見て忌まわしいもの、倫理観欠如の証拠にほかならないからだ。口から腐敗臭を漂わせて命を無駄にしているからだ。

何かぴしゃりと言い返せる機会があったらいいのに。胸がすっとするような方法で、おまえは間違っているとデイヴィッドに言ってやることができたらいいのに。私たちの存在には意味がある、絶対に意味があるのだ、と。

けれど、心の中で突き上げたこぶしを、すぐさま脳が冷静に引っ張り下ろす。事実は違う。私たちの存在に意味はない。確かに意味はない。それは宇宙の厳然たる真実だ。私たちは小さなしみにすぎない。一瞬またたいて、すぐに消えていく。宇宙にとって何の重要性も持たない。

この真実を無視すれば、それは図らずもデイヴィッド・スター・ジョーダンと同じ穴の狢《むじな》になってしまう。自分は優れているというばかげた思い込みで、彼は筆舌に尽くしがたいほどの残虐行為を広めることを自分に許した。はっきりと目を開き、しっかりと正しい立場に立っていたならば、息を吸うごとに、一歩歩むごとに、自分はそんなに特別じゃないと認めることができたはずだった。いや、自分には価値がある、自分は特別だ——そう言い張るのは罪だ。嘘だ。妄想へ、狂気へ、もしかしたらそれ以上悪いものへと、自分を追い立ててしまう。

堂々巡りだ。自分のしっぽを呑み込むウロボロス。

青しっぽのとかげが、しっぽを食いちぎられた報復のために木にのぼってワシの巣を狙おうとしても、高みにいる真実というワシの翼で、すかさず地面にたたき落とされる。

あらゆる道を封じられた、そんな気持ちだった。

★
★
★

アナとマリーのリビングにいたとき、私はアナにばかげた質問をした。わがままな質問、自分のための質問だ。彼女が収容のこと、虐待のこと、レイプのこと、「うすらばか」と呼ばれたこと、泥の中につきとばされたこと、あごの骨を折られたこと、そして生殖器官に損傷を負わされたことを話してくれたあとで、私は、こんなふうに問いかけた。「あなたはどうしてつぶれてしまわずにいられるんですか？」

それは私が、ある意味では生涯ずっと、ことあるごとに誰にでも投げかけてきた問いだった。デイヴィッド・スター・ジョーダンの人生を何年も調べ続けてきた理由だった。幼かった私が父に尋ねたことでもあった。くせ毛の彼のことを、冷たい現実に笑いを引き出す彼のあざやかな手腕のことを、どうしてもあきらめられない理由でもあった。あの飄々とした生き方をする人に、ずっとそばにいてほしかった。あのような性質を自分の中に生み出す方法を、私も知りたかった。どんなに遠く、どんなに広く探しても、私には見つけられない、そのレシピを知りたかった。

アナは私を見た。答えがわからないという顔をしている。それから考え始めた。集中できるように、私は観葉植物のほうへ目をそらした。

しばらくして、マリーが割り込んだ。「あたしがいるからじゃない！」⑮

アナは笑いだした。そうだ。もちろんだ。当然のことだ。「マリーがいるからよ」

それはジョークだった。私の無粋な質問から全員を救うマリーなりのやり方だ。けれど、あらためてあの答えを考えれば考えるほど、そこに込められた真実が胸に刺さった。2人のアパートを思い出してみる。おそろいのレイジーボーイ、つがいのインコ、対になったアイスティのグラス。ソファにお座りしていた人形。ケージの中で車輪を回していたハムスター。

アパートにいたときには意識しなかったことが見えてきた。2人の女性を結ぶ、目に見えない糸のようなもの。どれほど2人がお互いの様子に鋭く気を配っていたことか。相手が悲しみを見せればぶんぶん手を振って追い払う。ジョークを言えば必ずジョークで返す。その場の空気を明るく保つために、2人はこまやかな努力をし続けている。

こんなに長い年月が経ったのに、アナは今もマリーの世話を焼いている。客が来れば玄関に出るのはアナだ。マリーに飲み物を注ぐのはアナだ。マリーは膝が悪く、立ちっぱなしはつらいので、植物に水をやるのもアナだ。マリーが今の恋人マイクと知り合ったのも、アナのお膳立てだった。今ではアナのほうが背が低いし、アナのほうが内気だけれど、マリーのもとに増えていった成功の数々（子ども、孫、ユーモアのセンス、途切れない恋人たち）がアナには欠けているけれど、それでも今もアナがマリーの保護者だ。今でも彼女なりのブランコにマリーを乗せる。マリーを驚かせ喜ばせようと、この現実からアナが引き出せるありとあらゆるつつましき喜びを――身の回りの世話を、アイスティを、ハムスターを――差し出している。

マリーもそうだ。アナとのやりとりのほぼすべてに、マリーの感謝の念がうかがえた。

親友が人形に愛情を注いでいることに対して決して口は挟まず、むしろその愛情を力強く応援している。人形の首にかかっているカラフルなビーズのネックレスを指して、「これ、あたしが作ったのよ!」とマリーは言っていた。私は、マリーが自室でビーズをつないでいる光景を思い浮かべた。親友にサプライズとして贈るために、こっそりと、慎重に、ナイロンの糸に1つずつビーズを通している光景。隔離施設でマリーを守ったアナへの恩を、マリーが生涯返し続けていくことは間違いない。恩を返し続けていく、それ自体がマリーにとって重要だということも間違いない。

空が闇に沈み始めた。ハンドルを握ったまま、2人の周囲にはその他にも糸がめぐらされていたことに思い至った。アパートの壁を越えた向こうまで広くつながっている糸。たとえば2人が通う教会で知り合ったゲイルという女性は、月に2度ほどアパートに来て、2人のために夕食を作ったり、支払いの手伝いをしたり、お喋りをしていったりしてくれるのだという。

それからマリーの継息子《ままむすこ》ジョシュは、ほとんど毎日欠かさず、おもしろい話をテキストメッセージで送ってくれる。

マーク・ボールドという弁護士は、アナが強制不妊手術を施されたことに対する賠償金を得られるよう何年も闘ってくれた。最終的に2万5000ドルをアナのために勝ち取り、自身の報酬として1セントも受け取らなかった。

近所に住むグラントという男性は、毎朝バルコニーから手を振ってくれる。

アパートの管理人エボニーのことを、アナとマリーは「守護天使」と呼んでいる。以前住んでいたトレーラーハウスがつむじ風で大破したあと、エボニーがあれこれと手を回してこのアパートに入居させてくれたからだ。

アパートを訪ねたとき、受付でアナたちに会いに来たと告げた私にも、エボニーがきらきらした目を向けたことを思い出す。「まあぁぁ」と彼女は言った。「私の大好きなおふたりさんに会うのね！」[16]。そして受付デスクに何枚も飾ってあるアナの絵を示した。眠そうなわんこの絵。顔を赤らめているキツネの絵。引っ越してきて以来、2人はいつでもエボニーに感謝を示し続けてくれるのだという。感謝なんていらないのにね、と言いつつ、クレーム対応に追われる毎日の嬉しい休憩になっているとエボニーは話した。

少しずつ、焦点が結ばれ始めてきた。誰かがつぶれてしまわないよう、お互いに手を差し伸べあうささやかなつながりが、確かにここにある。こうした些末なやりとり――フレンドリーに手を振ったり、鉛筆画をプレゼントしたり、ナイロンの糸にビーズを通したり――はどれもこれも外から見ればたいしたものではないだろう。

でも、そのつながりの中にいる人たちにとっては、どうだろう？　むしろ、それこそがすべてなのかもしれない。それこそが、お互いをこの地上につなぎとめておくための糸なのかもしれない。

優生学支持者たちの腹立たしい部分はまさにそこだった。彼らは、こんな結びつきが**ありうる**ということを、考えてみようともしなかった。アナやマリーのような人たちを内包する社会は、つながり合う人たちの存在によっていっそう補強される。反射しあう光でいっそう明るくなり、いっそうたくましくなる。そんな可能性を実現していく方法を、優生学支持者たちは考えようともしなかった。マリーは、アナがいなければ隔離施設を生き延びられたかどうかわからない、と言う。そうなのだ。そんな支えは生半可にできることではない。生死を分けるほどのことだ。そこに価値がないなんて言えるだろうか。

そこまで考えて、私は悟った。アナの存在には意味がある。それは嘘ではなかった。マリーの存在にも意味がある。そして――読者のみなさん、ご着席ください――

あなたにも意味がある《ユー・マター》。今これを読んでくれている、あなたにも。

それは嘘ではない。むしろ、自然をもっと正確に見る方法だった。

タンポポの原則だ。


タンポポは見る人によっては雑草に見える。けれど別の人にとっては、同じ草花がとても大事な価値をもつ。

薬草専門家が見れば、タンポポは薬だ。弱った肝臓の解毒作用があり、肌荒れを治す効果があり、目にもよい。画家にとってタンポポは絵具だ。ヒッピーにとっては花冠の材料だ。子どもにとっては、ねがいごとをする道具だ。チョウにとっては栄養だ。ハチにとっては交尾のベッドだ。アリにとっては、嗅覚で作られる巨大な地図のランドマークだ。

人間も、**私たちも、**きっと同じだ。惑星の視点から見れば、永遠という視点から見れば、もしくは優生学的な完全性の夢から見れば、確かに人間1人の命に意味などないだろう。しみの上のしみの上のしみだ。あっというまに消えてなくなる。

けれど、それは無限にある視点のたった1つにすぎない。ヴァージニア州リンチバーグにあるアパートの一室から見るならば、その人間1人に大きな意味がある。たとえば、母代わりとして。たとえば、笑いの提供者として。もしくは、暗黒の日々に誰かを生き延びさせた支えとして。

ダーウィンが読者にあれほど熱心にわからせようとしていたのは、このことだ。自然界の生命体をランク付けするたった1つの方法など絶対に存在しない。単一のヒエラルキーに固執していると、もっと大きな図が見えてこない。自然のややこしい真実、「命の仕組みの全体」[17]が見えてこない。科学の誠実な研究とは、人間が自然界に引く「便宜上」の線の向こうを覗こうと試みることだ。[18]自分の感覚に縛られず、その先の、もっと自由な生き物たちがいる場所を見ようとすることだ。

あなたの目に映る生命体の一つひとつに、あなたには決して把握しつくせない複雑さがあると理解することだ。

ハンドルを握った私の脳裏に、この広い世界に咲き誇るすべてのタンポポたちがいっせいにこちらに向かってうなずいてみせる光景が思い浮かんだ。やっとわかったんだね――と、車の向こうで揺れながら、黄色のポンポンを振りながら、喝采を送ってくる。

こんなにも遠回りをして、ようやく、父に返す言葉が見つかった。**私たちの存在には意**

味がある。私たちは大事な存在だ。具体的かつ確かな形で、人間は、この地球にとって、社会にとって、お互いにとって、意味がある。それは嘘ではない。べたべたした現実離れの言い訳でもないし、罪でもない。

これがダーウィンの信念だ。むしろ、私たちの存在には意味がないと言い、そして意味がないままにしておくことが、嘘だったのだ。それは陰鬱としすぎている。頭が固すぎる。多様性の意味を短期的な視野でしか考えられていない。一言でずばり言うならば、その嘘は、科学的ではない。

ハンドルを小さく叩く。心なしか指先が軽い。人生の舵取りが多少なりとも私の手に戻ってきたような気がする。

とはいえ、問題が消えたわけではなかった。私が向かう先、私たち全員が向かう先、ヘッドライトをともし、希望をともして向かおうとする先には、まだからっぽの水平線が広がっている。私たちを支配するカオスはやはり冷酷だ。私たちのことなど意にも介さない。角を曲がったその先で、完全な虚無が一人ひとりを待ち受けている。

約束など何もされない。逃げ込める場所はない。光も射し込まない。私たちが何をしようと、お互いをどれほど大事に思おうと、関係がない。

でも、そうではなかった。

このときの私がそう感じたのは、私がまだデイヴィッドのストーリーの真の結末を理解するに至っていなかったからだ。

第13章

デウス・エクス・マキナ——機械仕掛けの神

DEUS EX MACHINA

デイヴィッド・スター・ジョーダンがその生涯を閉じたのは、9月のおだやかな朝のことだった。80歳で、自宅で、彼が愛した奇妙な家族たち——イヌ、鳥、植物、そして人間——に囲まれて。[1]脳の電気信号がここに来てついに主人を裏切り、脳卒中を引き起こしたのだ。

発作の翌日、家を囲むユーカリの木々が放つ清涼な香りが最後の呼吸を受け止め、サンザシの茂みがちょうど実り始めた橙色の果実をつややめかせて見送る中で、デイヴィッドはやすらかにこの世から旅立った。地球がゆっくりと太陽のほうへと顔を向けるあいだ、もしかしたら彼の目に最後に映ったのは、彼が最初に愛情を注いだ存在だったかもしれない——しらんでいく空にまだ光る星たちだ。

それから3年後、命日の少しあとに、デイヴィッドの妻ジェシーは夫を偲ぶささやかなガーデンパーティを開いた。近所の子どもらが自由に来られるように門を開きながらも、彼女には自信がなかった。誰か来るだろうか。誰か、来ようと思ってくれるだろうか。愛する夫、優生学支持者だった夫に対する世間の評価は、もうやわらいでいるだろうか。しかし当時の新聞によれば、弔問客は何百人とやってきた。大勢の子どもたちが、花冠をかぶり、バスケットを手に持って、「偉大なる人道主義者の庭」[2]へしずしずとやってきたという。「まるで神殿に詣でるかのように」デイヴィッド・スター・ジョーダンに向けられる崇敬の念は、時を経ていっそう強固になるだけだったらしい。こんにちでもスタンフォード大学のキャンパスを歩けば、図書館前に彼のブロンズ胸像があり、彼の名を冠した心理学棟があり、額装された彼の肖像画がある。デイヴィッドの伝記を書いたエドワード・マクナル・バーンズは、彼の人生をこんなふうにまとめている。

これほどバランスが取れ、調和し、実り多き人生を送った人間は、ほかにそう多くはいないだろう(3)(……)彼はアメリカが生み出したもっとも多才な人物の1人だった(4)。教育者、哲学者、科学者としての栄誉を勝ち取っただけでなく、探検家であり、平和と民主主義の活動家でもあり、歴代大統領および外国の政治家のアドバイザーでもあった。彼の能力の類まれなる幅広さは、山の頂にも、生物学の法則にも、彼にあやかった名が付けられている事実に裏付けられている。また、国際平和推進の優れた啓蒙計画を提示し、2万5000ドルの報奨金を与えられた事実にも裏付けられている。彼はフランクリンやジェファーソンら巨人を輩出した18世紀からつらなる偉大なる伝統の一部であると言っても、決して過言ではないようだ。

そうそう、国際平和への貢献についても、ぜひ触れておかなければならない。人生の晩年の大部分、世界に一度目の大戦が迫りつつあった時期に、彼は世界各地をめぐって多くの外交官に会い、戦争の危険性を警告した。強い反感を招き、一度はスピーチの途中でドイツ軍司令官に「Genug!《ゲヌーク》（もう充分だ！）」とさえぎられたこともあったという[5]。

でも、なぜなのだろう。なぜ彼は、当時においては不評だった平和主義の大義に、こうも熱意を注いだのだろう。その理由は本人が語っている。戦争になれば、国を支える貴重な頭脳や肉体が失われるからだ。兄ルーファスの死が彼の心を離れたことは一度もなかった。優れた男たちが戦地に行き、命を落としてしまえば、残った「不適者」たちが子を産み増えていくことになる――とデイヴィッドは説明している。「国家の優秀な人間が死にゆけば、空いた座に二番手の者たちが座る」[6]と、フィラデルフィアの集会では数百人の観客を前に熱弁した。「弱い者、不道徳な者、発育不全の者が繁殖」し、「この国を彼らのものにしてしまう」。

つまり、優生学的な目標を達成するための手段として、彼は平和主義者だったのだ。

シエラネバダ山脈を標高4000メートルも登れば、そこに彼の名前の頂が見える。[7] ジョーダン・ピークだ。そこかしこでアルペンリリーが橙色と白の花を咲かせる山頂は、私たちのほとんどが生涯一度も体験することがないほど、太陽に近い。

彼の名はそこで終わりではない。国のあちこちをめぐってみれば、デイヴィッドにちなんで命名されたものに次から次へとぶつかる。高校が2つ。[8] 政府所有の船。[9] 街の大通り。[10] インディアナ州の川。湖が2つ（アラスカ州[11]とユタ州[12]）。権威ある科学の賞（賞金は2万ドル）、[13] それから弟子たちが師に献名した100種類以上の魚類。「ジョーダンのフエダイ」「ジョーダンのハタ」「ジョーダンのカレイ」。

本人の試算によれば、当時知られていた魚1万2000～1万3000種のうち2500種以上が、彼と彼の助手たちによって発見された。[14] 言い換えれば、人類が洞窟で過ごしていた時代から、彼が生きた時代までに明らかになった進化の系統樹において、水の中で生きる者がぶらさがる枝のほぼ2割を、デイヴィッドたちが明らかにしたというわけだ。彼が発見した魚の多くは、厳密には彼の優生学的主張の標的となる人々――移民や「貧民」など、デイヴィッドから見て社会的に価値のない者たち――がとらえた魚だったという事実を、彼は科学的記録にあえて含めていない。

ジャーナリストのジェシカ・ジョージが近年に発表した論稿[15]は、デイヴィッドが1880年に太平洋沿岸を北上しながら魚類採集をしていた際に、どれほど移民労働者たちに頼っていたかを明らかにしている。中国人や中国系アメリカ人の漁師を脅しつけ、獲物の一番よいのを差し出させたこともあった。

デイヴィッド自身、新しい魚を自分に教えたり、つかまえてくれたりしたのは、往々にして現地の「男児」[16]「混血」[17]「ポルトガル人のやつ」[18]だったと認めている。

「私はのちに日本において、潮だまりに生息する新種の魚100種類以上を確保するのだが、そのうち3分の2は、日本人のわらべたちがつかまえてくれたものだった。メキシコの海岸でも、同じように少年《ムンチャーチョ》たちが役立ってくれた」[19]

しかし、彼はこうした人々の功績を公式に認める必要性を感じていなかったので、彼らの労働も、彼らの専門技術も、知識も、発見も、すべて記録においてはデイヴィッドのものとなった。

ホルムアルデヒドとエタノールがどれほど自身の身体をむしばんでいたかという話にも、彼はほとんど言及していない。アレルギー症状で標本を取り扱う手元もおぼつかなかったほどなのだ。魚類学者ジョージ・S・マイヤーズは後年に、1885年以降のデイヴィッドは確保した魚の測定を「ほとんど、もしくはまったく」[20]やっていなかったという見解を示している。

しかしそんなことは問題ではない。大胆不敵な魚類発見の偉人という彼のレガシーに傷がつくことはない。現代の魚類学者2名による共著論文では、「デイヴィッド・スター・ジョーダンがもたらした影響は実に広大であり、その影響範囲を具体的に言うことは困難だ。不可能と言ってもいい（……）北米の魚類学者のほぼ全員が、科学的・知識的に彼の系譜と言える」[21]と書かれている。

ため息がもれる。

これが彼のストーリーの結末なのだろうか。デイヴィッド・スター・ジョーダンは最後まで完全無欠のまま、自身の罪に対する罰を何も受けないまま。なぜなら世界はそういうものだからだ。無慈悲な世界は、ただただ癪に障る無意味な布で私たちをくるんでいる。その布に正義の意識など一片も織り込まれていない。

いや、そうではなかった。結末はほかにあった。私たちのこの世界、この底なしのカオスの世界が、あともう1つ、趣向を仕込んでいたからだ。デイヴィッドの秩序をぶち壊し、彼にとって何より大切なものを奪い取る、最後のトリック。

あなたには見えていただろうか。分類学者のめがねにちらつき、彼らの解剖用メスに反射し、この本の表紙にもしれっとほのめかされていたこと――カオスがデイヴィッドの魚類コレクションをもう一度、そして完膚なきまでに破壊しつくした狡猾な手法に、あなたは気づいていただろうか。

それは雷ではなかった。洪水でもなければ腐敗でもなかった。地面が突如として陥没してすべてが穴に呑み込まれたわけでもない。カオスのやり口は、それよりもはるかに残酷だった。彼自身に、彼本人の手で、引導を渡させたのだ。

デイヴィッド・スター・ジョーダンが分類学の技術を実践し、ダーウィンの教えを守り進化の近縁性に沿って生物を整理し始めたことが、のちに、運命的な発見に結びつく。1980年代になって、分類学者たちは魚が存在しないことに気づいた。生物の正規のカテゴリーとして、魚類というものは成立していないのだ。

鳥類は存在する。

哺乳類は存在する。

両生類は存在する。

しかし魚類は別だ。魚類はない。魚は、存在しない。

考えているると頭がぐるぐるしてくる話だ。私がこの話を初めて知ったのは、キャロル・キサク・ヨーンの名著『自然を名づける　なぜ生物分類では直感と科学が衝突するのか』だった。私はただ分類学という学問について学ぶつもりで、分類学関連で一番話題だというこの本を選んだだけだった。分類学の父リンネに関する知識を増やし、ちょっとばかりダーウィンについて、それからちょっとばかり遺伝子についても学びが得られれば、デイヴィッド・スター・ジョーダンのストーリーが繰り広げられる科学分野について理解を深められるだろうという期待があった。

けれど、ページをめくりながら出会ったものに、私は愕然とした。

★　★　★

ヨーンは、彼女いわく「『魚』の『死』」[22]とぶつかったときの自身の体験を語っている。彼女は1980年代に大学院生として、まだ魚は存在すると幸せにも信じきったまま、生物学の学位取得を目指していた。そんなとき、「分岐学者」と呼ばれる新しいタイプの科学者たち――ヨーンによれば「狂信的」[23]と呼ばれることが多かったらしい――が登場した。「分岐学（cladistics）」とは、ギリシャ語の「枝」を意味する*klados*から来ている。彼らが探究していたのは枝だったからだ。進化の段階を表現する図、生命の系統樹の枝が本当はどうなっているのか、人間の直感に逆らって見極めていくことに情熱を注いでいた。

分岐学者が示すルールその1はシンプルだ。ある先祖の子孫すべてを正統なグループとして、特例は含めない。グループについて特定するにあたっては、そのルールのもと、系統樹をどこまで上ってもどこまで下ってもかまわない。脊椎動物について語りたいなら、背骨をもつ生き物全部が該当者だ。ヘビは？　入る。イモムシは？　入らない。哺乳類について語りたいなら、母乳を出すことのできた最初の生き物の子孫が全部該当者だ。ネコ、イヌ、クジラはみんな仲間。でも爬虫類はお呼びじゃない。

一方、分岐学者のルール2のほうは、きわめて単純に聞こえるが実はきわめて難しい問いに答えようとするものだった。生物を分類するにあたり、どの生き物とどの生き物が一番近接しているのか。ささいなことに思えるかもしれないが、実のところ、これこそが分類学の謎なのだ。乳首をもつもの、ひげをもつもの、羽をもつものたちの世界で、何をもっていずれかの特徴を正統な手がかりと判断し、分類していけばいいのか。

分岐学者たちが世に登場した当時には、「数量分類学」(24)と呼ばれる手法がもてはやされていた。コンピューターが総当たりで進化の近接性を特定できると期待をかけていたのだ。種と種を比べる特徴（鳥類だとすれば、くちばしの形、卵の大きさ、羽の色、骨の数、腸の長さなど）を思いつく限り入力すると、コンピューターが関係のパターンと思われるものをはじきだす。種のあいだに類似点が多ければ多いほど、その種はより近い関係にあるという考え方だった。

ただしコンピューターが提示する関係は、往々にして筋が通っていなかった。人間の脳を介在しない分類はまるっきりでたらめのようだった。

分岐学者たちは、比べる特徴にも役立つものとそうでないものがあると考えた。種と種にまたがる時間の流れを確実性をもって示すことのできる特徴を、分岐学者は「共有派生形質」(25)と呼んだ。生物に新たに生じた特徴、しかもその後も遺伝して受け継がれていった（共有されていった）特徴のことだ。たとえば、それまでは生えていなかった触角。たとえば、きらきら光る黄色のひれ。最初に登場したアップグレードをつきとめ、同じ形質を再現している動植物を追っていけば、時間的方向性を、より確信をもって推測できる。どの生き物からどの生き物へと進化が進んだのか、より強く宣言することができる。

シンプルで、賢明で、天才的だ。そしてこのルールが、しだいにいくつか非常に驚くべき関係を明るみに出していく。たとえば、コウモリは翼のある齧歯《げっし》動物に見えるけれど、実際にはラクダに近い。(26) たとえば、クジラは実のところ偶蹄目《ぐうていもく》の仲間だ（つまりシカなどに近い）。

ヨーンは著書『自然を名づける』で、分岐学者たちが教室に乗り込んできたときのことを回想している。彼らは熱っぽい態度で、自分たちが考える新しい突飛な系統樹を掲げて、一般人の感覚では思いつきもしない驚愕の例を次々と示して見せた。鳥類は恐竜であるとか。キノコは、植物のように思えるけれど、むしろ動物に近いのだとか。(27) 最大の隠し玉はたいてい最後だ。彼らは満を持して、ヨーンが言うところの「魚の死刑を執行」(28) する。

ヨーンによれば、彼らはまず3種類の動物の絵を示す。ウシ。サケ。ハイギョ。この3つのうち仲間外れはどれでしょう？　どの生き物が一番グループから離れているでしょう？　哀れにも疑いを知らぬ学生の誰かが手を挙げ、仲間外れはウシだと答える。ウシは魚2匹から一番遠いです。

「すると分岐学者は得意満面な表情に変わり、おごそかに宣言する。その答えは大間違いだ、と」(29)

分岐学者たちは、ここでもう一度、共有派生形質に主眼を置かねばならないと念を押す。

うろこの有無という隠れ蓑にごまかされず、ほんのいっとき正しく目を向けてみれば、別のこと、より意味深長な類似性に気づく。たとえばハイギョとウシには両方とも、呼吸を可能にする肺のような器官がある。しかしサケには肺がない。ハイギョとウシにはどちらも喉頭蓋《こうとうがい》（気管を覆う軟骨の小さな蓋）がある。サケは？　残念ながら喉頭蓋はない。そしてハイギョの心臓は、サケよりもウシの心臓の構造に似ている。あとからあとから証拠を挙げ、最終的に分岐学者は学生たちを結論へと誘導する。ハイギョは、サケよりも、ウシに近い生き物だ。

ここまで話すと、彼らは目に見えないチェーンソーの回転数を上げ、系統樹に向けて振りかざす。このこと――水の中を泳ぎ、魚のように見える生き物の多くが、実はお互いよりも哺乳類のほうに近いということ――を受け入れさえすれば、あなたの目には奇妙な真実が見えてきます、と分岐学者たちは言う。

奇妙な真実、それは、進化の妥当なカテゴリーのように聞こえる「魚類」というものが、実のところまったくの絵空事だという事実だ。ヨーンの表現によれば、そのくくりは「赤い斑点のある動物」(30)が同じカテゴリーだと言うに近い。あるいは、「声が大きいすべての哺乳類」を一緒くたにするに近い。そう分類したいというのなら、それでもいい。だが科学的には意味がない。進化的な関係については何も言っていないことになる。

まだ混乱しているだろうか。別の言い方をしてみよう。われらおろかな人間は何千年ものあいだ、山に住む生き物をすべて進化的に同じグループに属すと信じ切っていた、と考えてみてほしい。そのグループの名前は「ミッシュ」だとしよう。マウンテンのフィッシュ、で、ミッシュ。

山にはヤギが生息している。カメも生息している。ワシも生息している。それから人間もいる。たくましくて、ひげをはやしていて、チェックのネルシャツを着て、ウイスキーを楽しむ山男たち。これらの生き物はお互いにまったくかけ離れてはいるけれど、どの生き物も山頂という高地で生き抜くために、似たような防護的外皮を進化させていると想像してみてほしい。たとえば、彼らは同じ格子柄の外皮《アウター》をまとっているとしよう。みんな格子柄だ。格子柄のワシ。格子柄のカメ。格子柄の人間。目に見える部分、つまり生息環境が同じで（山頂）、外皮のタイプが同じ（格子柄）なのだから、これらは全部同じ種類の生き物だ。みんなミッシュだ。こうして私たちは、これらの生き物が全部1つの同じ種類なのだと信じ込む。

私たちはそれと同様の勘違いを魚に対してしてきた――多種多様な生き物をすべて「さかな」というくくりに無理やり押し込んできたのだ。

実際には、山頂ではなく水中で、格子柄ではなくうろこのアウターの下に、まったく異なる生き物たちの存在がある。それぞれがヤギ、ワシ、カメ、人間と同じくらいに異なっている。たとえば肉鰭類《にくきるい》と呼ばれる魚たちは、私たち人間にきわめて近い。ハイギョもシーラカンスもこの仲間だ。ある意味で肉鰭類は人類と進化的ないとこと言っていい。身体の上のほうに肺をもち、下のほうに尾をもつ水生生物たちだ。そこから進化的に大幅にかけ離れているのが、たとえば条鰭類《じょうきるい》だ。サケ、スズキ、マス、ウナギ、ガー。これらは肉鰭類とは双子くらいに似て見える――細長く、うろこがあり、いかにも魚っぽい――が、中身はまったく違う。

それならサメやエイはどうだろう。軟骨魚綱と呼ばれるわかりにくいグループだ。外皮はすべすべだし、身体はむちむちだし、私は昔から哺乳類に近縁性が認められると思っていた。けれど実際のところ、サメやエイたちは、マスやウナギ以上に人間から遠い。そして進化的にはもっとずっと古い。

さらに系統樹を根元に向かってたどり、生命の起源のほうへと近づくと、そこにヌタウナギがいる（画像を探す際にはご注意を。愛嬌のある姿を想像するかもしれないけれど、吸盤上の口にカミソリみたいな歯のついた、悪夢に出てきそうな生き物だ）。ヌタウナギは、ヘビに似た姿のヤツメウナギと近縁で、無顎類《むがくるい》のグループに属していると言われる。その次に出会うのがホヤ（被嚢動物）たちだ。デイヴィッド・スター・ジョーダンが、怠惰のなれのはてを示す反面教師として好んで言及した固着性の生き物だ。ホヤは厳密には脊椎動物ではないものの（少なくとも現在の分類学によれば）、背骨のような構造の最初の形状（脊索と呼ばれる軟骨の柱）がある。つまりホヤは脊椎動物のパイオニアだ。イノベーターだ。先祖返りや退化とはむしろ真逆の位置にいる。

「魚類」という十把一絡《じっぱひとから》げのくくりは、こんなにも異なった多くのカテゴリーを隠している。こまやかな違いを隠している。知性を軽んじている。私たちの近縁のいとこたちを勝手に遠い区分に切り分け、かけ離れた遠縁だと誤解させ、それによって私たち人類を想像のはしごのてっぺんに居座らせてきたのだ。

あなたが魚っぽい見た目の生き物すべてを何が何でも科学的に有効な1つのグループに入れたいというのなら、そうしてもいい。うろこに覆われたハイギョやシーラカンスを、マスや金魚と一緒に水の中へ、それらがみんな属すところとあなたが思う場所へと押し戻してもいい。そしてそのカテゴリーを「魚類」と呼んだって全然かまわない。ただ、そうするには、その魚たちと共通の祖先から派生したすべての子孫がひとつ残らず含まれるよう、別の生き物たちも同じ「魚類」のカテゴリーに入れる必要がある。

水際に尻を落ち着けているカエルも、その場合は魚類だ。水に蹴り落とさなくてはならない。

空高く飛んでいる鳥も魚類だ。水中に沈めなければならない。

ウシだって当然、この場合は水の生き物だ。

あなたのママはどうしよう？　そんなのわかりきったこと。ママも魚だ。

それはさすがに違うと思うなら、もっと科学的に筋の通った方法がある。魚類というくくりが、今も、これまでも、ずっと幻想だったと認めることだ。魚はいない。「魚類」は存在しない。デイヴィッド・スター・ジョーダンがあれほど大切にして、不運に見舞われたときにはつねに救いを求め、その姿をはっきりと見極めるために彼が生涯を捧げたカテゴリーは、最初から一度も存在してなどいなかったのだ。

この「消滅」がどれほど広く定着しているのか把握しようと、私はスミソニアン博物館の魚類コレクションを管理する職員たちに質問をした。現役の魚類学者たちが研究対象の存在を信じていないのかどうか知りたかったのだ。

デイヴィッド・スター・ジョーダンの名を冠した魚の標本を見学しにメリーランド州のスミソニアン博物館別館まで行ったとき、案内してくれた分類学者たちに、私は思い切って尋ねてみた。「魚類は存在しますか?」。分類学者として50年の経験をもつデイヴィッド・G・スミスはあれこれ説明を口にして、最終的にこう言った。「しないんでしょうね」(31)

分岐学者という人々が初めて現れた時点では、スミスは彼らの言うことを信じなかったという。分岐学者はあまりにも「攻撃的」で、妄信的とさえ思えていたからだ。しかし時間が経つにつれスミスの考えは変わり始めた。自分の仕事、すなわち生命の真の結びつきを解き明かしていく仕事をしっかり務めていきたいのであれば、分岐学者たちの説を否定することはできない――「魚類」というのは、率直に考えてみれば、形骸化した分類なのだ。いいかげんでぼんやりしている。分岐学者の表現によれば、それは「側系統群」であり、共通祖先に由来するメンバー全員を含んだグループではない。私は後日、アメリカ自然史博物館の魚類学首席キュレーターであるメラニー・スティアスニに電話をして、彼女たちの立場においても魚類は消えたのかどうか尋ねた。「あらやだ」という答えが返ってきた。「広く受け入れられていることですよ」(32)

私の顔がスンとしてきたのが、あなたにもわかっていただけると思う。

「腑に落ちないですよね！」(33)と私に言ったのは、リック・ウィンターボトム、自称「狂信的な分岐学者」だ。どうしても感覚的に納得しかねるという気持ちを、誰よりもよく知っている。彼は30年以上も学生たちを相手に、自然界は人間が定めたような分類で並んでいないと納得させるべく、説明を試み続けているからだ。そして、この考え方が学術界の外にはまったくといっていいほど広がらない現実に、失望し続けている。彼が思うに、敵があまりにも強大なのだ。敵、つまり、人間の直感は強固すぎる。直感を信じる心地よさを真実とトレードしたがる人などいない。(著者脚注)

キャロル・キサク・ヨーンも、自分に組み込まれた配線の架け直しにかなり苦戦を強いられた。著書ではこう書いている。

魚が死ぬのを見るのはとてもつらかった。教室で、セミナールームで、実験室で、学会で、あるいは廊下で、魚の死が宣告されるのを、ナイーブな若き大学院生だった私は

［著者脚注］

ようこそ、著者による本書唯一の脚注へ！　読んでくれる心優しいあなたに、私たちの脳に組み込まれた自然界の秩序と言えるかもしれない、奇妙なトリビアをお教えしよう。

キャロル・キサク・ヨーンの著書『自然を名づける』には、J・B・Rという名で記録されている人物の信じがたい症例が紹介されている。[34] J・B・Rは1980年代のイギリス人の男性患者で、ヘルペス脳炎を発症したことから神経構造の一部に損傷を負った(Yoon, 12_13)。

目が覚めたとき、彼は突然に、自然界の基本的なカテゴリーを正しく区別できなくなっていた。ネコとニンジン、キノコとヒキガエルの違いがわからない。全部が……カオスなのだ。さらにおかしなことに、無生物の世界に対する認識はまったく損なわれていなかった。自動車とバスの違いはわかる。テーブルとイスの違いはわかる。その区別はまったく問題なかった。ただ生物の世界だけがぐじゃぐじゃなのだ。

彼のような症例（グーグルで「カテゴリー特異性意味障害」と検索すれば、同様の症例は彼以外にも見られることがわかる）は、私たち自身の中にカテゴリー生成メカニズムと言えそうなものが備わっている可能性を示唆している。人はこの世に生まれたときから、自然をどう整理すべきか――誰が何に属しているのか、誰が仲間はずれなのか、誰が頂点にいるのか――強い確信をもつようにできているのではないか。別の研究でも、人間がきわめて早くからこうした直感的法則に従っているらしいことが明らかになっている。たとえば生後4か月で、人はもうネコとイヌを区別し始める。[35]

とはいえ、このような直感的秩序が人間の配線に組み込まれているのは事実だとしても、その分け方が真実であるということは意味していない。その分類が**便利**だという意味なのだ。「分ける」行為は太古の昔からヒトという種にとって都合がよかった。周囲を取り巻くカオスを何とか切り抜け、そして自然という名のカオスを搾取する側に回るにあたり、そうした直感的分類が役立ってきたのだ。

何度も目にした。それが科学を背景にしたことだとわかっていても、いつでも少し胸が痛んだ。（……）

分岐学者たちの残酷かつ整然とした論理を聞いていると、自分が何らかの形で騙されている気がしてきたものだった。巧妙なごまかしに言いくるめられているような気がする。私だけではない。みんなそう思っていたはずだ。ちょっと待ってよ、なんでそうなるの？　あなたたちは魚にいったい何をしたの？（……）これが手品でないどころか、厳然とした真実だなんて。㊱

このヨーンの痛み――魚類というくくりを手放さざるを得ない体験を「残酷」に感じるという感想は、私にとって貴重に思える。デイヴィッド・スター・ジョーダンもきっとそう思っただろうと想像できるからだ。私は彼について知り、解剖によって生物と生物の「真の関係」がわかるという彼の信念について理解を深めてきた。それを踏まえる限り、デイヴィッドはきっと最終的には魚の死を受け入れただろうと思えてならない。彼がたとえばアフリカハイギョを解剖し、その肺を、その喉頭蓋を、心房心室がそれぞれ区切られた心臓構造を一目見たならば、魚類のカテゴリーというものが自分の指のあいだからさらさらこぼれていくのを感じ取ったのではないか。

とはいえ、彼にとって魚類がどれほど大事な存在であったかを思えば——苦悩の時期のなぐさめであり、生きる目的でもあった——そのように認めることが容易であったはずがない。

彼が「残酷」さに傷つき、多少なりとも苦悶したであろうと想像すると……胸がすっとする気がした。不謹慎な空想でぞわぞわしてくる。どこか人知のおよばぬ場所から、カオスの冷たい計算に隠される形で、すべてを超越した正義の鉄槌が彼に振り下ろされたのだ。

⁂

私は今、1人の漁師の姿を思い浮かべている。

でっぷりしたマスが入ったバケツに、彼は深く手をつっこむ。とりわけ太った1匹の胴体を抱え込むようにつかみ、その魚をぶん回して、「魚は存在しません」という文字をひっぱたいてぶち壊す。

それから男はマスを売りに行く。なぜなら、そのマスが存在しているからだ。

私にもわかる。

彼の感じる手ごたえが、私にもわかる。

デイヴィッド・スター・ジョーダンが愛した魚たちを、宇宙がまんまと盗み取った経緯を想像すると、いくらかの黒い満足感があった。でも、それはそれとして、そんなことに意味はあるだろうか。どんな分野であれ、標本瓶を並べることを生業とはしていない者にとって、魚類というカテゴリーが存在していないという事実に何か意味があるだろうか。

その疑問は私の頭から離れなくなっていた。数年越しでこの件のリサーチを続け、居候しているアパートで系統樹のスケッチを部屋中に散らかし、私たちの足元にある世界は私たちが思っていたような姿ではないというスリルに身震いする思いをさんざん味わったあとで、私はふと別の不安を抱いた。

こんなのはどれもこれも、ただ言葉上のことなのかもしれない。盛大なる言葉遊び。「魚類は存在しない」んだって！　すごーい、おもしろーい！――と言うだけの。

ある夜、仕事から帰ってきたヘザーに、私は話してみることにした。ヘザーはそれまでも、のめりこむ私から否応もなくこの話題を聞かされてきたからだ。帰宅した彼女がコートを脱ぎ、ソファに落ち着くまで待って、ワインとチーズを用意し、それから私の心をざわつかせる疑問を投げてみた。「こんなこと、どれか1つでも、意味があると思う?」

ヘザーは私を見た。きょとんとしている。「あたりまえだよ、意味はあるに決まってるじゃん!」

ヘザーはそこで、歴史上のあらゆる人間の中から、まさかのコペルニクスをもち出した。コペルニクスの時代に、夜空の星は実は動いていないと人々に理解させることがどれほど困難だったか。それでも、それについて話し、それについて考え、心に波風を立てることには意味があった。そうしたからこそ、星たちはこの惑星の天井の図柄であり、一晩かけて人間の頭上をぐるっと回っていくのだという発想を、人は徐々に、少しずつ、手放していくことができたのだ。「それまでの星を手放したからこそ、人は宇宙の存在を知ったんでしょ」とヘザーは言った。「だったら、魚を手放したら、何が起きるの?」

私にはわからなかった。でも、その瞬間、まさにそれが答えだということはわかった。魚の向こう側には何か別なものが待っている。魚を手放すというのは、何か別の存在とのトレードだ。

そのトレードの中身が何なのかは、きっと、人によって違うのだ。

星を手放すことで得られるものが、人によって違ったように。

当時、自分たちが知っている星は存在しないという発想に、ふるえあがった者もいただろう。そんなことが事実だとしたら、自分があまりにもちっぽけで、あまりにも無意味に思えてしまう。何もかもが手に負えなくなってしまう。だから彼らは信じようとしなかった。だから伝令を撃ち殺した［訳注：「伝令を殺す（kill the messenger）」というのは、不都合な真実を告げた者を罰するという意味の慣用句］。既知の星を手放したコペルニクスを異端者として糾弾した。同じく星を手放した天文学者ジョルダーノ・ブルーノも、火あぶりになった。ガリレオも星を手放し、自宅軟禁の身に追いやられた。

その一方で、既知の星を手放すことによって、夢に、発明に、技術にひらめきを受けた者たちもいた。人間はそこから何世代にもわたって、直感の向こう側に行く船をどうすれば造れるか、熱心に探究を進めていく。彼らが大胆な夢を抱いたからこそ、今の私たちにとっての月がある。

私はどうだろう。

幼かったあの日、別荘のポーチで父とともに双眼鏡を目に押し当てながら、私は星をなくし、かわりに風を受けとった。宇宙を無意味に吹き荒れる風。その感覚は、私が暗く沈む日々には、ほとんど命を奪いかねないほど容赦なく私を冷え込ませた。

父本人は、星を手放し、そして自由を得た。自分なりの倫理観をもつ自由を。父にとって無意味だと思えるルール――手紙には差出人住所を書かなければならない、袖のある服を着なければならない、実験用のマウスを食用にしてはならない――を一笑に付す自由を。聖職者にとって星を手放すことの意味は、また違うだろう。遊牧民にとっての意味も違うだろう。パン焼き職人、ろうそく作り職人にとっても、また違う意味があるだろう。

それは、手放すのが魚であっても、きっと同じだ。

キャロル・キサク・ヨーンの場合は、魚類というカテゴリーを手放したとき、自分が人生を捧げてきた科学界に対して憤りのようなものを感じたという。[37] 人間の直感的理解を否定してしまったら、一般大衆は自然環境に対していっそう無関心になる――自然環境は人間の関心を切実に必要としているというのに――という懸念を抱いた。著書では魚類の死を巧みに説明しつつ、本心の一部では、「さかな」というシンプルな言葉に戻ることを望んでいる。

自称「狂信的な分岐学者」のリック・ウィンターボトムは、魚を手放したとき、自身が担うべき使命を知った。その大義のために彼は全国各地を回った。あの教室の黒板で、この講堂のホワイトボードで、次から次へと魚を一刀両断にしては、人々の誤解を解くことに全力を投じてきた。自分自身の脳の配線が架け替わり、少しずつ真実に近づいていく感覚があり、ほかの人も同じ門をくぐっていけるような後押しがしたかった。

数十年もその使命に身を投じてきた今、彼は自信を喪失している。この新しい視点を受け入れる人の少なさに。人々の確信をほんの少しも揺るがすことのできない自分自身に。

「30年、ずっと闘いっぱなしですよ」(38)と彼はため息をついた。

「最近はゴルフボールに鬱憤をぶつけています。ちっちゃな白球で森の地面や池の底を埋め尽くしてやる、というのが目下の夢です……その腕にかけては、我ながらなかなかのものでしてね」

椅子を信じない哲学者、トレントン・メリックスは、魚を手放したとき、自身の矢筒に新たな矢を1本増やした。魚類の消失について息もつかずに語った私に対し、メリックスは「それほどショックな話ではないかな」と言った。それはまさに、彼が学生たちに理解させようとしていることだからだ。私たちは、自分の周りの世界のことを、実はほとんどわかっていない。自分の足元にあるような単純なものごとも、ちゃんと理解しているとは言えない。これまでの私たちは間違っていたし、これからもまた間違う。

進歩に至る真の道は、確信ではなく疑いで敷かれている。「つねに修正の可能性を受け入れながら」疑い続けるのだ。

アナが魚を手放したときには――いや、彼女にこの比喩は当てはまらない[39]。アナ自身は、それは「不適者」という言葉のようなものか、と私に尋ねた。彼女の背中に投げつけられた言葉。彼女をれんがの塀の向こうに投げ込み、子ども時代を奪い、妊娠できる可能性を絶ち切るために使われた言葉。私はそうだと答えた。それにすごく近いものだ、と。アナはうなずき、それから、魚に同情すると言った。人は何かに名前をつけると、もう本当の姿をちゃんと見ようとしなくなる、そのことに同情する、と。

動物行動学者のジョナサン・バルコムは、魚を手放すのは整合性がある、と語った（公正を期して言うと、バルコムは私の問いに対し、正式な発言は遺伝研究を確認してからと断りを入れた上で、彼自身の考察と合致していると話した）[40]。

すでに著書『魚たちの愛すべき知的生活　何を感じ、何を考え、どう行動するか』があるバルコムは、同著において、魚類の認知能力がどれほど広く、どれほど複雑らしいかを明らかにしている。魚は人間以上に多くの色を見分けたり、特定の記憶力では人間を上回っていたり、道具を使ったり、バッハとブルースを聞き分けたりする。[41] 種によっては痛みも感じるのだという。

私はバルコムに取材した際、半笑いでこんな質問をした。だったら、みんな魚を食べるのはやめたほうがいいんでしょうかね？　バルコムは静かに「そうですね」と答えた。私自身はまだその境地にはなれないけれど、でも、彼の主張には賛同する。水の中を泳ぐあの生き物たちは、私たちがふつうに思っているよりもずっと、認知能力的に複雑な生物だ。「魚類」という呼び方は、ある意味で、名誉毀損の言葉であるとも言える。その複雑さを見ないことにして、人間が気まずい思いを抱かなくてもいいようにして、あの生き物は自分たちとはかけ離れた存在だと思っておくために使う言葉だ。

著名な霊長類学者、エモリー大学のフランス・ドゥ・ヴァール［訳注：2024年に死去］は、人間は昔からそれをしてきたと語っている――想像のはしごの頂点に人間が居座る場所を維持し続けるために、人間と別の動物との類似点を軽んじるのだ。

ドゥ・ヴァールの指摘によれば、学術的な言い回しによって動物と人間を別物にしようとするという点では、ときに科学者が一番ひどい暴挙に出る。チンパンジー同士が「キスをする」のを、わざわざ「口対口の接触」と言う。霊長類間の「友達」を、「特別な親密さを示す個体と個体」と言う。[42] カラスやチンパンジーが道具を作れると示す証拠があっても、それをヒトの定義として言われる道具作りとは質的に異なるものだと解釈する。

動物が認知タスクで人間に勝っていても――鳥類の一部は何千というタネの位置を正確に記憶できる――それは知性ではなく本能なのだと切り捨てる。

こうした表現や、その他のさまざまな巧妙な言い換えは、ドゥ・ヴァールが呼ぶところの「言語的去勢」だ。言葉を使って、動物がもつ力をないことにしている。はしごの頂点に人間の座を守るために、言葉をひねりだしている。

私の父は、おそらくこれからも「魚」という言葉を手放さないだろう。気に入っているから、と本人は言う。科学的に不正確であることは理解したけれど、その言い方が便利だと考えている。魚類という言葉を使うことで世界に対する自分自身の見方を狭めていることは気にならないか――私がそう尋ねると、父は「ううむ」と唸り、それからこう言った。「俺はもう年寄りだからな。これまでに手放せなかったものを、今から手放すのは難しいよ」

一番上の姉は、魚を手放すことに何の支障もなかった。姉は魚類というカテゴリー全体をぱっと手の中から解き放った。なんでそんな簡単に受け入れられるの、と尋ねた私に、姉は言った。「だって、それが生命の事実なんでしょ。人間は間違うんだよね」

自分も幼い頃からずっと人から間違われてきた、と姉は語った。医者に誤診され、同級生にも、近所の人にも、両親にも、それから妹である私にも誤解されてきた。

「大人になるっていうのは、人が自分に向ける言葉をうのみにするのをやめることなんだよ」

魚を手放すことの意味は、一人ひとり違うのだ。

Epilogue

私が魚を手放して、そして何を得たのか、まだわからなかった。

そろそろシカゴを離れる時期だというのはわかっていた。自分自身の煉獄《れんごく》にこれ以上引きこもってはいられないことも。ヘザーのアパートでの居候生活が――くせ毛の彼はいつか戻ってきてくれるかもよ、と言ってくれるヘザーの言葉でやさしく包まれる2階の小部屋が――どれだけ心地いいとしても、そろそろ自分の人生に向き合い、カオスにもう一度足を踏み入れて、どうなるか確かめなければならないのだということも、わかっていた。

あちこちに掛け合って、なんとか一時的な仕事を見つけた。ナショナル・パブリック・ラジオ（NPR）［訳注：アメリカの公共ラジオ放送］の科学部門で番組プロデューサーとして働くことになった。この仕事だけでも、私という船の帆に、なんとか風を集めてくれるかもしれない。期待する一方で、心の中では、そんなに都合よくはいかないだろうという思いがあった。

寒々しい2月の午後に、小さい紫色の愛車で、ワシントンDCに引っ越した。ベッドがキッチンスペースにはみ出していて、窓2つがほぼ天井近くにあるような、半地下のアパートに荷物を運び込む。街路樹は生命活動を停止し、日も短く、世界はただただわびしく感じられた。

仕事には毎日徒歩で通った。強盗にも遭った。そして私は30歳になった。この街に知人はいないに等しい。自分の能力を詐称してNPRに入ってしまったという不安がぬぐえなかった。周囲にはきっと私の正体が見えているに違いない、どじでまぬけで、ジャーナリストとしても力不足で、尻軽で浮気者の救いがたい人間だとバレてるに違いない、と思っていた。

人と目を合わせるのが難しかった。盲目の人をテーマにしたシリーズ番組を担当したときは、私を見ることのない人たちに囲まれて、正直に言えばほっとしていた。くせ毛の彼のことをしょっちゅう考えていた。一発で私のすべてを終わらせてくれる手段のことも、よく考えた。

そしてある日、春が来た。ランニングをしに行き、初めて走る近所の丘まで駆け上がってみた。木々は白い花を咲かせて命を取り戻している。丘のてっぺんは公園だった。ベンチがあり、小さな噴水があり、入り組んだ花壇にスイセンが咲き、ふわふわの青い花が咲き、シダが茂っている。私はイヤフォンを外して歩き始めた。鳥のさえずりが聞こえる。何かが羽音を鳴らして顔の近くをかすめていく。トンボ？　ハチ？　よくわからない。唐突に1つの光景が目の前に浮かんだ。カーテンだ。ヴィクトリア様式っぽいどっしりしたカーテンに、今まさに私が目にしている生き物や植物たちの絵柄がプリントされている。シダ植物。トンボ。ハチドリ。脳裏に何かが光った。私が目にしているすべての生き物たち、その序列を私が一度も疑問に思ったことのない生き物たちが……

・鳥。ひらめくように飛ぶ姿は愛らしいけれど、明らかに劣等の存在。
・トンボ。人間とはかけ離れた存在。小枝に翅をくっつけた程度だが、かろうじて植物ではない。
・木。植物の中で一番強い。
・キノコ。木にくっつく変な植物。

……であるというのは、完全な間違いだ。私が直感的に認識しているヒエラルキーなど、カーテンのようなものにすぎない。自然の図柄を印刷したカーテン。そのデザインは人間の目から見て受け入れやすいというだけで、あくまで恣意的なものだ。今、そのカーテンは大きくはためき、奥にある窓をちらりと見せる。

窓の向こうが見たい、という思いが強くこみあげた。私たちが自然界に引いた線の向こう。そこにあるのだとダーウィンが約束した土地。分岐論者たちに見えていた世界。魚類というくくりを作る区切りは存在せず、私たちが想像するよりもはるかに果てしなく、はるかにゆたかな自然が広がっている世界。

「あの世はある。この世界の中に」。(1) 20世紀アイルランドの詩人W・B・イェイツの作品からの引用と言われる言葉を、私は何年も自室の壁に飾っていた。この世界の中にある別の世界を、私は見たかった。科学者へのインタビューに、自然環境を扱うドキュメンタリー番組に、あるいはウイスキーの中にそれを見つけようとしたけれど、ずっと手ごたえを得られずにいた。

必要なのはシュノーケルだった。

顔面にぐいっと押し付けるプラスチックのマスク。私が、ずっと探していたものを見るために必要だったのは、シュノーケルだった——。

説明させてほしい。

その子と出会ったのは、さっき話したランニングの3か月ほど後のことだった。7月、バーでのことだった。彼女の顔はラメが光ってきらめいていた。私より年下で、私より背も低い、女の子。「恋人」の対象として私が考えていた条件には多くの点であてはまらない子だった。

くせ毛の彼の姿に私がまだこだわっていたならば、彼女とは何の縁も生まれなかったに違いない。

キスはした。それは別におかしなことじゃなかった。女の子とのキスは好きだ。そのことは知りすぎるほどよく知っている。でも、それはずっと私にとってお遊びだった。心地よいことは確かだけれど、人生をともにするとは考えにくい。私に必要なのは男性だった。私の心をあたたため、大きくて恐ろしい世界の前で私が小さく守られた存在だと感じさせてくれるのは、男の人のはずだった。

けれど、彼女は甘美だった。ラベンダーのようにかぐわしく、ルビーのように美しく、授業をサボる言い訳を口の中で転がすときのように甘かった。彼女の前で私はたくさん笑った。ある夏の夜、ベッドに並んで横になりながら、彼女は唐突に言った。「あなたのセクシュアリティを私は尊重する」。私がバイセクシュアルという分類に入るであろうことを指した発言だ。バイセクシュアル。バイ。その言葉は嫌いだった。単純化しすぎているし、非難がましい匂いもあると思っていた。にもかかわらず、彼女が私の多面性を大切にしてくれるというのは、とてつもなくすてきなことだと思った。

彼女がくしゃっと顔にしわを寄せて笑う。「社会はそんなもの尊重しないけどね！」。肩をぴしゃっと叩いてやろうとしたけれど、素早く身をかわされてしまった。

彼女にはついていけないことばかりだった。ポトマック川沿いを自転車で走っていて、彼女が競走を仕掛けてきたときも、私は追いつけなかった。ほぼ毎日5マイルはランニングして鍛えているのに、彼女のスピードには勝てない。その感覚は悪くなかった。頭の回転も彼女のほうが速い。ふらふら運転している車を見れば、間髪を容れずにキレのいい毒を吐く。スクランブルエッグにも文句を言う。メールの最後の署名を頭文字だけですませるタイプの人にも容赦ない。「そんなに忙しいわけ？」と、地獄の底から聞こえるような声で。「4ミリ秒の時間を余分に割くこともできませんってわざわざ匂わせなきゃならないくらい、お忙しいお仕事が大事でいらっしゃるってわけ？」

彼女の言語センスは独特だった。調子が悪い陰鬱な日のことは「ポール・ボウルズってる」［訳注：20世紀のアメリカの作家。著書に、映画『シェルタリング・スカイ』の原作『極地の空』など］。

母親をあらためて恋しく思う気持ちで胸が深くえぐられるようだという意味で、「掘削中」と言ったこともあった。焚火の名人で、しめった葉っぱ数枚とマッチ1本しかなくても、きっちり火を熾す。煙の方向までコントロールできるようになりたい、と言っていた。

こういうことのどれもこれもが何を意味するか、私は意識して考えないようにしていた。あっというまに10月になり、そこから同じくあっというまに日にちが過ぎる中で、月半ばくらいの貴重な日程を押さえて、私たちはバミューダ行きのチケットをとった。政府機関で科学者として働く彼女が休暇をとらされたので、私は風邪を引いたふりをして仕事を休み、週末3日間の旅行に出た。

エアビーアンドビーで予約したのはバミューダ諸島のセントジョージ島で一番安かった部屋だ。小さなアパートで、地図上ではリゾートエリアから完全に離れている。空港に近く、そばにタバコ・ベイという名前のビーチがある。きっと海にはタバコの吸い殻が浮いていて、波間もガソリン臭いのだろうと想像して、私たちは覚悟を決めて飛行機を降りた。タクシーが停まった場所で荷物をとりあえず屋内に入れ、水辺へ走る。

言葉が役立たない、というのは、こういうことを言うのだと思う。

そこは、高く層になった石灰岩の壁で守られる入り江だった。私たちのプライベート・

アトランティス。海に向かって走っていくとき、ビーチの奥に小さな小屋があるのに気づいた。無人に見えたけれど、近づいて様子をうかがってみると、中で男性が飲み物を売っていた。それからシュノーケルセットも。

彼女がエメラルド色の目を輝かせて、シュノーケルをレンタルしてみようか、と尋ねた。いらないと私は答えた。だいぶ昔に一度試したことがある。覚えているのはゴムの味と鼻をふさがれる感触だけだ。

翌朝、私は1人でゆったり長めのランに出た。波打ち際を走り、ちょくちょく立ち止まって海を眺めた。海岸沿いに今も残る要塞跡地に入ってみたりもした。ぐるっと回ってタバコ・ベイまで戻ってきたときには、もう2時間が経っていた。エアビーで借りた部屋に戻って彼女を呼ばなきゃと考えながらも、今すぐ水に飛び込みたいという衝動が沸き起こってきた。走って身体がほてっているうちに。私はその誘惑に勝てなかった。

水をかきながら、少しばかりうしろめたい気持ちを抱く。また自分の欲望を優先させてしまったと思った。けれどそのとき、まったく不意打ちで、彼女が姿を見せた。どっちから来たのかもわからない。まるで人魚のように水中から躍り出し、沖へ向けて泳ぎ出す。距離が縮むと彼女が笑っているのがわかった。シュノーケルマスクをつけて、その下で満面の笑みを浮かべている。
「ほら」と彼女は言って、マスクを外して渡してきた。「試してみてよ」
マスクをかぶり、頭を海中に沈めてみる。
走った直後でアドレナリンが出ていたせいだったのかもしれない。
水は澄み切っている。
それは知っていた。
けれど、魚たちは……
魚たちは、私がそれまで目にしたどんなものとも違っていた。

黄色のオウムみたいな魚。漆黒の天使みたいな魚。月をスライスしたみたいなアクアマリンの魚。紫の大きい魚が、子犬みたいに追いかけっこをさせてくれた。思わず声が出てしまうのに、くぐもった音しか出ない。水面に上がって、あらためて叫びをあげ、それからもう一度潜る。魚たちがそこにいる。ずっと資料で読んできた生き物たち。名前は言い当てられない。わかっているのは、その外皮の下にかつての私が想像していたよりもずっと人間に似た臓器があり、私とまったく同じようにイオンで脳を回転させているということ。そして、彼らがもはや魚類ではないということ。

銀色の一群がこっちに向かってきて、飛び乗れそうな列車みたいに、真下をかすめていく。私が深く潜って群れにつっこむと、魚たちはぱっと左右に分かれて私を通した。何百匹という銀色の生き物が私をすっぽり包み込む。

水面にあがって息を吸った。彼女はまだ同じ場所にいた。どれくらい経ったのかわからない。5秒だったか。3日だったか。

私たちはそこから沖へ向かって泳いだ。安全な狭いビーチから遠ざかり、石灰岩の岸壁の角をぐるりと越えてみた。その先はやや波が高く、海水の色はさっきよりも深く、水温も冷たかったけれど、魚たちはいっそうまばゆく、いっそう大胆に泳ぎ回っている。私が見ている前で、彼女は海底の岩場まで深く潜った。岩のすきまからネオンカラーの魚たちが舞い散るように飛び出して、彼女を取り囲み、彼女の背中で渦を巻き、わきの下をくぐり、薄緑色のビキニの布地をこするくらいにかすめていく。彼女の身体は魚たちの一部になっていた。**私たちはみんな魚だ**、と私は思った。たぶん。本当はそうではないのだろうけれど、水の冷たさと色のあざやかさで、もう思考をめぐらせる余裕はなかった。私が考えていたのは、シュノーケルは最高の発明品だ、ということくらい。シュノーケルを発明した人に神のご加護をぜひ。平和賞を与えたっていい。

何か様子がおかしくなった。彼女の泳ぎが急にばたばたしている。腰のあたりで何かを引っ張っている。私とのあいだにはかなり距離があった。それから……これを書いたら彼女は私を絞め殺すだろう。それから、彼女は薄緑色をした三角形の布を脚から引き抜き、私の正面の位置まで泳いだ。解き放たれた脚で、平泳ぎのキック。私に見せるために。シュノーケルマスクごしにはっきりと……見せるために。

やられた、と思った。

この人のいない人生なんていらない。はっきりと、そう思った。

かつての私が思い描いていた人生とは違う。だいぶ小柄で、私より7歳年下で、自転車に乗れば私を置いてきぼりにして、しょっちゅう私に向かって呆れ顔をしてみせる、こんな人を追いかける人生なんて。

でも、その生き方を私は望んだ。それがどんなカテゴリーであるかはどうでもいい。自然界の図柄がプリントされたカーテンの向こうが見える。そこにあるそのままの世界。無限の可能性がある場所。分類などすべて想像の産物でしかない。この世で味わえる何よりも最高の気分だった。

★
★
★

エメラルド色の目の彼女は私の妻になった。夜、彼女のとなりで寝るときに、私はふと例の誘惑について考える。今でも思い浮かべるし、きっとこれからも折に触れ思い浮かべる。それが叶えてくれることについて。もたらしてくれる救済について。私が自分の手で作り出したストレスと、私自身がめちゃめちゃにしたものを、ぜんぶ解決する策。恥を終わらせる手段。

それから私は魚について考えをめぐらせる。魚が存在しないことを考え、私の手の中でほどけていく銀色の魚たちを思い浮かべる。魚が実は存在しないのだとしたら、この世界について、ほかにはどんなことを私たちはまだ知らないのだろうか。私たちが勝手に自然界に引いた線の向こうで、ほかにはどんな真実が待っているのだろうか。どんな分類が新たに陥落を待っているのだろう。雲には命があるとか？　絶対そうじゃないなんて言えるだろうか。

海王星にはダイヤモンドの雨が降るという。(2) 本当にそうなのだ。ほんの数年前に科学者がつきとめた。世界のことを長く調べていればいるほど、その不思議さが証明されるばかりだ。

不適者とみなされた人間の内側に、確かな母性があると気づかされるように。雑草に薬効があるように。自分にとって大事な存在になるとは思ってもみなかったような人の中に、救済が見つかるように。

私は魚を手放し、そしてようやく、ずっと探していたものを手に入れた。希望を願う祈りの言葉を。たぐりよせるトリックを。処方箋を。それは、善きものが待っているという約束だ。私にその価値があるから、ではない。私がそのために努力したから、ではない。破壊と喪失がカオスの一部であるように、善きものもカオスの一部であるからだ。生きるとは死すことと裏表であり、腐敗から命が芽吹くのだ。

こうしたギフトを――荒涼としているように思えた世界を私が多少はっきりと見られるようにしてくれたトリックを――逃したくないなら、最善の方法はつねに認めていることだ。自分が目にしているものを自分は何も知らないのだと、繰り返し認めていくことだ。雪崩のように押し寄せるカオスの中で、一つひとつのものごとを好奇心をもって、疑いをもって、探究していくことだ。

たとえば窓の外の嵐は残念な天候だろうか？　もしかしたら、表に出て、雨粒に打たれ、自分自身をリセットするチャンスかもしれない。

つまらないパーティは、本当に思ってるほどつまらないパーティで終わるだろうか？　もしかしたら、ダンスフロアから廊下に続く扉のところで、誰かが煙草をくわえて立っているかもしれない。その人がこの先何年もあなたを笑わせてくれるかもしれない。あなたが恥だと思っていた性的指向を、大切な絆へと変異させてくれるかもしれない。

そんなふうに世界を見ることが、私につねにできているとは言わない。自分の確信をクマのぬいぐるみみたいに頑固に抱きしめている。黒い感情も残ったまま。不安は今もそこにあるし、船は今も世界の端っこから次々に転落していく。けれどそんなとき、たとえば人体に「間質」と呼ばれる新しい器官が発見されたという記事を読む(3)。何千年も前からずっとあったのに、人間はずっとそれが器官だとは気づかなかったのだ。こうして世界が少しだけ開く。

私もダーウィンのような姿勢で生きていきたい、とあらためて考える――思い込みの向こうに待っている真実に好奇心《ワンダー》をめぐらせるのだ。何の変哲もないバクテリアが、実は人が呼吸をするための酸素を作ってくれているかもしれない。胸を破る失恋が結果的には贈り物となり、決して望んではいなかった深い絶望にぶつかった先で、本当の出会いが見つかるのかもしれない。あなたの夢だって、もしかしたら、あらためて探ってみる価値はあるのかもしれない。あなたが抱く希望だって……あらためて疑いの目で見てみてもいいのかもしれない。

16歳のときの私は、一番上の姉がいずれ実家から独立して、8マイル（約13キロ）離れたアパートで暮らし始める日が来るとは考えもしなかった。姉が部屋の壁一面に花のシールを貼り、ベッドにぬいぐるみを並べ、シリアルは冷蔵庫に保管して生活していくことなど、想像もしなかった。だんだんに近所の人と仲良くなり、老婦人の買い出しを手伝ったり、子どもが生まれたばかりの若夫婦の手伝いをしたりするようになることも。

あるとき姉はひどい自動車事故に巻き込まれた。誰もケガこそしなかったものの、車2台が大破して、それを境に姉は車に乗るという選択肢を手放した。それ以降はどこへ行くにも徒歩で行く。ボストンの街を姉は歩く。歩道を歩き、橋を歩き、電車に乗る。アクアブルーのおかしなリュックを背負って、すれ違う人たちとお喋りをしながら。

障害者施設で教師の仕事をしている人が、そんな姉の姿に目を留め、ウォーキング講座の指導を手伝ってくれないかと声をかけた。現在の姉にとって、歩くのは仕事でもある。生きるために姉は歩く。ボストンに住む私の友人が、よく姉を見かけると教えてくれる。派手なリュックを背負って、笑顔で、姉は歩いているという。彼女を目にするとこっちまで笑顔になるよ、と友人たちは知らせてくれる。こんなこと、どれもこれも、16歳のときの私は知りもしなかったことだ。

姉と父が、2人だけの奇妙な形で仲良くなる日が来ることも、かつての私は知りもしなかった。スティックパンへの偏愛を共有する2人は、一緒にお気に入りのイタリアンレストランに出かける。私はときどき、姉が父の肩に頭を乗せる様子を目にする。ほんの一瞬だけれど、そのほんの一瞬に、生きることとの重圧はふっと軽くなる。

それから父方の祖母、ずっと威勢がよかった祖母が、とつぜん危篤状態になる日が来るとは考えもしなかった。そのとき姉が、いかにも姉らしい行動で――彼女なりの思いやりと、彼女なりの誠実さと、すべきことは遅れることなくきちんとせねばならないという彼女の強いこだわりから――お悔やみの手紙を書き、父に宛てて郵送し、それがなぜだかちょうど祖母の死の1日前に届くという事態も、かつての私には考えられもしないことだった。父は翌日、祖母がこの世を去った数分後に、姉から手紙がきていたことを思い出し、読んで大笑いをする。悲嘆の一日にあたたかな風穴があく。

エメラルド色の目をした彼女と私が住む家のことも、16歳のときの私は思い浮かべもしていなかった。私たちだけの居場所が、どんな壁に囲まれているのかなんて、考えもしなかった。玄関ポーチにはホタルが来て、ツツジの茂みがときどき鳥の巣になる。芝生にはほとんど芝がないけれど、かわりに焚火スペースがある。近所の人がクリスマスのあとにツリーを燃やしに来て、お手製のサワーチェリー・ウイスキーを分けてくれる。その庭をベビーが泥だらけになってハイハイして回る日が来るだなんて、16歳の私は知らなかった。

ベビーは刈り残して茂りすぎたキンポウゲに突進して、小さな花たちをつんつんする。

私と彼女の家族としてこの世にやってきた息子が、この世で一番繊細で一番楽しいおもちゃをつつきまわすのを目にする日が来るなんて、かつての私はまったく知らなかったことだった。

★ ★ ★

科学者たちはポジティブ・イリュージョンが目標達成の手助けになることを発見してい

る。それは確かにそうだ。でも、ひたすら目標を見据えるトンネル型ビジョンの外に、もっと善きものが待っている。私は少しずつそう信じるようになっていった。私は魚を手放し、そしてカギを手に入れた。魚の骨の形をしたカギは、この世界にはめこまれたルールという鉄格子を外し、その先の広い場所へと私たちを踏み込ませる。この世界の中にある、**別の世界**。窓の向こうの、区切られていない場所。そこには魚は存在せず、空からはダイヤモンドの雨が降り、タンポポの一輪一輪がそれぞれの可能性を揺らめかせる。

そのカギを使うためにあなたがすべきこと……それは、名づけには慎重になることだ。魚が実は存在しないのだとすれば、ほかには何について私たちはまだ間違っているだろう？　科学者の娘である私にとっては遅い夜明けだったけれど、魚を手放したとき、私は科学が決して完全無欠ではないことを理解した。

科学は真実を明々白々に知らせる信号灯《ビーコン》だと私はずっと思っていたけれど、そうではなくて、もっとなまくらな道具だ。ときには探究の過程で大惨事を引き起こす。「秩序」という言葉そのものについても考えてみてほしい。「秩序（order）」の由来であるラテン語の*ordinem*は、織機に整然と張られた糸の列を意味する。それが時代を経るうちに、王、将軍、あるいは大統領が定めた規則のもとで人間がおとなしく整列することを意味するメタファーになった。自然界にも秩序だった階層があるという想定――それは人間のでっちあげであり、勝手に人間社会と重ね合わせただけであり、そのように当て推量したにすぎない――のもと、秩序が自然界に適用されたのは、1700年代になってからのことだ。

この秩序を崩し、たぐり、ほどこうと試み、その糸にとらわれた生命体を自由にしていくというのが、私たちが生涯をかけて取り組むべき仕事ではないだろうか。自分たちの尺度を、特に倫理や精神の状態について語る尺度をうのみにしないという責務を、私たちは生涯担っている。物差し《ルーラー》の背後には、必ず統制者《ルーラー》がいるのを忘れてはいけない。分類は、うまく扱えたとしても、あくまで代理指標にすぎない。最悪の場合、分類は人を縛りつける枷《かせ》になる。

この原稿を書き始めた頃、白人至上主義者たちが私たちの住んでいる街、ヴァージニア州シャーロッツヴィルにやってきた。

彼らは私たちの家の前に車を停める。タイヤが私たちの車庫前の砂利をこする。おしゃれな髪形をした彼らは、カギ十字の絵をあしらった盾を構え、南北戦争における南部連合将軍の銅像を撤去させまいと公園に押し入る。抗議する群衆に向けて車を突入させ、1人の命を奪い、数十人にけがをさせる。彼らのブーツと、彼らが掲げる看板と信念で、黒人男性1人を血まみれになるまで殴打する。(4)

すべてが終わってから彼らのリーダーがラジオを占拠した。命が失われたことを悔やむ気持ちを表明しても、自分たちの理念についての悔悛は決して語らない。特定の人種が他の人種よりも高等であり、白人は黒人よりも優れているという考えについての悔悛は。それは「ただの科学的事実」(5)だと彼は一笑に付す。肩をすくめるしぐさがその声に見えるようだ。

はしごは今も有効だ。生命の階梯は想像の産物なのに、そのフィクションはとてもおそろしい。

けれど、魚は存在しない。魚の形をしたハンマーが、はしごを打ち砕く。

★　★　★

となりで寝ていた彼女が目を覚まし、私の肩を軽くこづいて、「おとなしくしてよ、じたばたくん」とつぶやく。私が眠れずにひたすら寝返りを打ち、あっちへこっちへもぞもぞしていることを言ったのだ。淡いブルーのシーツが作るやわらかなコットンの波間で、私が彼女と一緒におだやかに眠りに落ちることを、彼女は望んでいる。

彼女のやたらあったかい脚を抱え込みながら、私は、自分のちっぽけな脳が最大限に希望にあふれているときでさえ、無限に心浮き立つ夢を見る彼女にはとてもかなわない、と思いを馳せる。

挿絵について

本書に収録した挿絵は「スクラッチボード」と呼ばれる手法で描かれている。19世紀に考案された手法で、白い陶板に黒のインドインクを塗布し、乾いてから尖った道具で削って絵にしていく。本書に収録した作品では主に縫い針が使用された。

改名について

本書の初版出版から半年後、スタンフォード大学とインディアナ大学は、いずれもデイヴィッド・スター・ジョーダンの名を冠していた敷地内の建物を改名する決断をした。どちらの決断も、この命名に抗議して手紙、記事、デモ運動、オンライン活動を行った学生、職員、教員、卒業生の努力に応えたものだった。

謝辞

この本が形になったのは、何よりもまずキャロル・キサク・ヨーンのおかげだ。彼女が本書のゴッドマザーと言ってもいいかもしれない。本書で論じた科学テーマに読者が少しでも興味をもってくださったなら、ヨーンの著書『自然を名づける』をぜひぜひ急いで手にとってほしい。直感と真実の衝突を驚くほどこまやかに掘り下げている。私が分岐学というウサギ穴に最初に転がり落ちた時点で、彼女が快く私との議論につきあってくれたのは、本当に幸運だった。彼女はこのうえなく寛大で親切なガイド役だ。

次の恩人はヘザー・ラドケ。本書の構想を思いついたとき、彼女はその場にいた。凍てつく街のあたたかい部屋のソファで、このテーマは面白いと彼女が私に信じさせてくれた。人が人に——特に、孤独でたまらなかった人間に与えられる最高の贈り物だと思う。ありがとう。

それからアジャ、リリ、サリタ、ラマ、ロイ、KK、キッダ。サポートとユーモアと励ましにあふれるあなたたちは、自覚があろうとなかろうと、私にとっては物言わぬ天使だ。いてくれてありがとう。

母のロビン・フォイアー・ミラー。ささやかなものに目を向けるよう、最初に私の背中を押してくれた。闇が一番深かった時期の私にとって、母の愛情が唯一の命綱だった。

2番目の姉、アレクサ・ローズ・ミラーからは、何かを確信してしまうことのあやうさを教わった。彼女は20年前から医療専門家を対象とするトレーナーとして、不確実を受け入れる方法、それが人命救助につながる理由を指導している。その卓越した刺激的な仕事ぶりは私自身の仕事にも大きな影響をおよぼしている。姉の仕事について知りたい人は、ArtsPractica.comにアクセスしてほしい。

上の姉、アビゲイルは、この星の誰よりも強くなる方法を私に学ばせている。人生の一部を私と分かち合ってくれて、妹である私をこんなにもまっすぐに愛してくれて、本当にどうしようもないほど私を笑わせてくれて、ありがとう。

悪友、ジョナサン・コックス！　不格好でねじれまくったこの本に光を見出し、その光を輝かせるために私を説き伏せてくれた。脱線しまくるページを本線に戻してくれたメーガン・ホーガンと、それからエミリー・サイモンソン、ジャネット・バーン、サラ・キッチェン、キルスティン・バーント、ジュリア・プロザー、エリーゼ・リンゴ、カーリー・ロマン、アリソン・フォーナー、アリソン・ハー・ツヴィなど、出版社サイモン&シュスターのみなさんの尽力と創造性にもとびきりのお礼を伝えたい。本書出版にゴーサインを出すという無謀な判断をしたジョナサン・カープとリチャード・ローレルにも感謝している。ファクトチェックを担ったエミリー・クリーガーとミシェル・ハリスへの気持ちは、ファクトチェックで二度見しても、やっぱり間違いなく心からの感謝だ。

最上のエージェントであるジン・オは、私の迷走を巧みに御し、私の尻を叩いてくれた。

多忙の中、私の尽きることのない質問に応じてくださった学者のみなさん、思想家のみなさんにも、お礼申し上げたい。特に以下の方々のお名前を挙げる。ポール・ロンバルド、デイヴ・カタニア、シーマ・ヤスミンとビル・エシュメヤー、シオキ・イアンソン、メイカ・ポランコ、リック・ウィンターボトム、アレキサンドラ・ミンナ・スターン、アリソン・ベル、ダニエル・ロブ、トレントン・メリックス、アビー・プラットとギオン・プラット、スティーヴ・パターソン、ブリス・カルノチャン、ルーサー・スピアー、ジョナサン・バルコム、スミソニアン博物館のクリス・マーフィとデイヴィッド・G・スミス、ココ・ウェリントン、ペニキース島のアイリーン・カゼッラ・ライダーとドリアンヌ・メバネ、マギー・カトラー、マーク・ボールド、スタンツィ・ファウベル、クリストフ・イルムシャー、ディナ・ケルムス、アンドレア・バブアー、スタンフォード大学記録保管庫、フーバー・インスティテュート、インディアナ大学アーカイブスの職員の方々。みなさんの辛抱強いサポートにはどれほど助けられたことか。

クリストファー・シャルプフの貢献にも感謝している。彼のウェブサイト「The ETYFish Project」で、さまざまな興味深い魚の命名由来を学んだ。スタンフォード大学のリチャード・ホワイトと、彼のもとで学ぶ優秀な研究者たちは、発見した文書や考察を惜しみなく共有してくれた。

それから私を信頼して話を打ち明けてくれたアナとマリーに、心からの感謝を。私のために時間と、やさしさと、謙虚な知恵を差し出してくれた。

勇敢にも本書の草稿を読んだみなさんにも、ありがとうと言わなくては。ジェニー・カントン、アレクシス・シャイトキン、ネル・ボースシェンシュタイン、グレース・マロニー・ミラー、ヘザー・ラドケ、ケリー・リビー、ロビン・フォイアー・ミラー、クリス・ミラー。時間と思いやりを投じて感想を伝えてくれたことへの恩は、大きすぎてお返ししきれない気がするけれど、それでもできる限り返していきたい。ディスカッションガイド

（原書）の作成に貢献したジュリアン・パーカー、スーザン・ピーターソン、リサ・マーシャル・バスケス（そして彼女が主宰する読書会「ウッドクレスト・ブッククラブ」）にも、お礼の言葉を送りたい。

そしてくせ毛の彼にも感謝している。この話を書かせてくれてありがとう。私の城には結局ならなかったあなたは、とびきりあったかい温室だった。

本書を読んでくれたあなたに、お薦めの書籍を2冊紹介したい。1冊目、ダニエル・ロブの『*Crossing the Water*』（未訳）は、彼がペニキース島の青少年更生施設で教えていた頃について書いた手記だ。島と同じく、この手記も控えめながら、美しく、ときにやさしく、ときに厳しく紡がれている。青少年を隔離することの意味、勤労の価値、そして環境が人を更生させられるかどうかという問いに対する彼の向き合い方は、私の心からずっと離れない。

そしてもう1冊は、ジェニファー・マイケル・ヘクト『自殺の思想史　抗って生きるために』（月沢李歌子訳、みすず書房、2022年）。自殺をすべきでない理由について、宗教ではない視点から、見事な議論を繰り広げている。2冊ともとても読みやすい本で、私にとってはこの先もずっと大事にしていく宝物だ。

国内最高峰のストーリーテラーたちから指導を受けてきたことも、身に余るほど幸運なことだった。ジャド・アブムラド、アリクス・スピーゲル、ハンナ・ロジン、エレン・ホーン、キッダ・ジョンソン、アン・グーデンカウフ、チェンジェライ・クマニカ、ロバート・クルルウィッチ、ドミニク・プレツィオーズィ、クリス・ティルマン、クリス・パスターチック、ジュリア・バートル、パット・ウォルターズ、ソレン・ウィーラー。あなたがたが私のために時間を割いてくれたことで、私の人生の針路は変わった。

ヴァージニア・ヒューマニティーズ、ヴァージニア・センター・フォー・クリエイティブアーツ、ヴァージニア大学MFAプログラム、オーサムファンドといった機関は、この本のために寛大な助成金を、あるいは本のための場所を与えてサポートしてくれた。

そして、私をたくさんの笑顔であたたかく迎え入れたマロニー一族のみなさんにも。ノラのお気に入りのソファも居心地よいけれど、あなたがたの愛情の心地よさは、その上を行くよ。

イラストレーターのケイト・サムワースにも特大の感謝を伝えなくては！　あなたが私の文章から引き出してくれる絵を見るのは、この仕事全体の中でも最大の喜びだった。読者がもしもイラストレーターを探しているなら、油絵でも、水彩画でも、木版画でも、スクラッチボードでも、クレイメーション［訳注：粘土人形を使うアニメーション］でも、ケイトなら任せられる。創造と不思議が泉のように湧いてくる天才だ。本書のために絶大な才能を披露してくれて、ありがとう。

そしてパパ、クリス・ミラーに。あなたの一番ダメな部分を容赦なく書かせてくれたこと、配慮なしで接してくれたこと、そして心から思いやってくれたことに、心からの感謝を伝えたい。いつまでも、ずっと。

ウィルコックス家のみんなに。私がこの本にかかりきりだったとき、私の妻とわんこと遊んでくれてありがとう。ボブとイネイが骨を、ジェフ・ウェルナーが花火を分けてくれた。

大事なジュード。たった11か月のきみは、完全な歯なしだというのに、稲妻にも大笑いをしてみせるね。

そして何よりも、誰よりも、グレースに。数えきれないほどの形で、あなたがこの本を支えてくれたことに、言葉に尽くせぬ感謝を送りたい。あなたがしょっちゅう何かをこぼしてることにも、何度言っても舌をやけどしてばかりなことにも。あなたと生きる時間は、私の人生を壮麗にする。

原注

プロローグ

1 David Starr Jordan, *The Days of a Man: Being Memories of a Naturalist, Teacher and Minor Prophet of Democracy, Volume One, 1851–1899* (Yonkers-on-Hudson, NY: World Book Company, 1922), 288.

第1章　頭上に星を戴く少年

1 Jordan, *The Days of a Man, Volume One*, 21.

2 Ibid., 21. ジョーダンは、このミドルネームを選んだ理由として「キングの書物に対する、母の強い尊敬」(Ibid.)に敬意を表する意味もあったと書いている。［訳注:「キング」とは演説家としても知られたトマス・スター(Starr)・キング牧師のこと］

3 Ibid., 14.

4 Ibid., 9.

5 Ibid., 3, 11–12, 22, 26.

6 Ibid., 22.

7 Ibid., 3, 4, 7.

8 Ibid., 41–44.

9 Louis Agassiz, *Methods of Study in Natural History* (Boston: J. R. Osgood and Company, 1875), 7; Kathryn Schulz, "Fantastic Beasts and How to Rank Them," *The New Yorker*, Oct. 30, 2017.

10 Carol Kaesuk Yoon, *Naming Nature: The Clash Between Instinct and Science* (New York: W. W. Norton & Company, 2009), 34–35.(キャロル・キサク・ヨーン『自然を名づける　なぜ生物分類では直感と科学が衝突するのか』三中信宏／野中香方子訳、NTT出版、2013年)

11 Jordan, *The Days of a Man, Volume One*, 22.

12 Ibid., 24.

13 Ibid.
14 Ibid.
15 Ibid.
16 Ibid., 25.
17 Edward McNall Burns, *David Starr Jordan: Prophet of Freedom* (Stanford, CA: Stanford University Press, 1953), 2.
18 Jordan, *The Days of a Man, Volume One*, 17.
19 Ibid., 28.
20 Ibid., 38.
21 Ibid., 40.
22 Ibid., 3.
23 Ibid., 9.
24 Ibid.
25 Ibid., 27.
26 Pencil-and-ink drawings, SC0058, Series II-B, Box 6B, Special Collections and University Archives, Stanford University.
27 Jordan, *The Days of a Man, Volume One*, 512.
28 Werner Muensterberger, *Collecting: An Unruly Passion* (Princeton, NJ: Princeton University Press, 1994), 3, 254.
29 "Collecting Can Become Obsession, Addiction," United Press International, March 15, 2011, https://www.upi.com/Health_News/2011/03/16/Collecting-can-become-obsession-addiction/59301300299887/?ur3=1.
30 Muensterberger, *Collecting: An Unruly Passion*, 6.
31 Jordan, *The Days of a Man, Volume One*, 24.
32 Ibid., 149–54.

第2章　島の預言者

1 David Starr Jordan, "The Flora of Penikese Island," *The American Naturalist*, Apr. 1874, 193.
2 Daniel Robb, *Crossing the Water: Eighteen Months on an Island Working with Troubled Boys—a Teacher's Memoir* (New York: Simon & Schuster, 2002), 36.
3 Marlene Pardo Pellicer, "The Outcasts of Penikese Island," *Miami Ghost*

Chronicles, Aug. 31, 2018.

4 Elizabeth Mehren, "Disciplinary School for Boys Teaches Some Tough Lessons," *Chicago Tribune*, Aug. 17, 2001.

5 I. Thomas Buckley, *Penikese: Island of Hope* (Brewster, MA: Stony Brook Publishing, 1997), 72.

6 Dave Masch, as quoted in Daniel Robb, *Crossing the Water: Eighteen Months on an Island Working with Troubled Boys—a Teacher's Memoir* (New York: Simon & Schuster, 2002), 34.

7 Jordan, *The Days of a Man, Volume One*, 118.

8 Samuel H. Scudder, "In the Laboratory with Agassiz," *Every Saturday*, April 4, 1974, 369–70.

9 William James, *Louis Agassiz: Words Spoken by Professor William James at the Reception of the American Society of Naturalists by the President and Fellows of Harvard College* (Cambridge, MA: Printed for the University, 1897), 9.

10 Frank Haak Lattin, *Penikese: A Reminiscence by One of Its Pupils* (Albion, NY: Frank H. Lattin, 1895), 54.

11 Jordan, *The Days of a Man, Volume One*, 104–6.

12 Lattin, *Penikese: A Reminiscence*, 42.

13 Burt G. Wilder, "Agassiz at Penikese," *The American Naturalist*, March 1898, 190.

14 Jordan, *The Days of a Man, Volume One*, 10.

15 Ibid., 18.

16 David Starr Jordan, "Agassiz at Penikese," *Popular Science Monthly*, Apr. 1892, 723.

17 Wilder, "Agassiz at Penikese," 190–91.

18 Lattin, *Penikese: A Reminiscence*, 24.

19 Ibid., 21.

20 Jordan, *The Days of a Man, Volume One*, 109.

21 Wilder, "Agassiz at Penikese," 191.

22 Ibid.

23 "Rest in Peace: Burial of Mrs. Susan B. Jordan," unknown publication, Nov. 17, 1885, David Starr Jordan papers, 000240, Box 38 (Susan Bowen Corre-

spondence), Folder 38-24, Hoover Institution Archives.
24 David Starr Jordan, "Agassiz at Penikese," 725.
25 John G. Whittier and T. W. Parsons, *"The Prayer of Agassiz": A Poem and "Agassiz": A Sonnet* (Cambridge, MA: Riverside Press, 1874), 3–4.
26 Louis Agassiz, *Essay on Classification* (Cambridge, MA: Belknap Press of Harvard University, 1962), 9.
27 Markus Eronen and Daniel Stephen Brooks, "Levels of Organization in Biology," *Stanford Encyclopedia of Philosophy*, Feb. 5, 2018. https://plato.stanford.edu/entries/levels-org-biology/.
28 Agassiz, *Methods of Study in Natural History*, 71.
29 Louis Agassiz, *The Structure of Animal Life: Six Lectures Delivered at the Brooklyn Academy of Music in January and February* (New York: Scribner, 1886), 35.
30 Agassiz, *Essay on Classification*, 159.
31 Agassiz, *Methods of Study in Natural History*, 70.
32 Ibid., 7.
33 Ibid., 71.
34 Louis Agassiz, "Evolution and Permanence of Type," *Atlantic Monthly*, Jan. 1874.
35 Agassiz, *Essay on Classification*, 10; Agassiz, *Structure of Animal Life*, 111.
36 Jordan, "Agassiz at Penikese," 725.
37 Jordan, *The Days of a Man, Volume One*, 118.
38 Whittier, *"The Prayer of Agassiz,"* 4.
39 Jordan, *The Days of a Man, Volume One*, 111.
40 Ibid., 111–12.
41 Ibid., 112.
42 Ibid., 119.

第3章　神なき幕間劇

1 Neil deGrasse Tyson, "Space," *Radiolab*, Oct. 21, 2007.
2 Albert Camus, *The Myth of Sisyphus and Other Essays* (New York: Vintage International, 1955), 7.（カミュ「不条理な論証　不条理と自殺」『シー

シュポスの神話』60刷改版、清水徹訳、新潮社、2006年)［訳注:「不条理な論証　不条理と自殺」という章で、カミュは次のように書いている。「真に重大な哲学上の問題はひとつしかない。自殺ということだ。人生が生きるに値するか否かを判断する、これが哲学の根本問題に答えることなのである。(……)多くの人びとが人生は生きるに値しないと考えて死んでゆくのを、ぼくは知っている」(清水訳、P.12–13)］

3 William Cowper, 次の本で引用されている。Dale Peterson, ed., *A Mad People's History of Madness* (Pittsburgh: University of Pittsburgh Press, 1982), 65.［訳注:18世紀のイギリスの詩人ウィリアム・クーパーは、若い頃から長く鬱に苦しみ、何度も自殺を図った］

4 Jordan, *The Days of a Man, Volume One*, 120.

5 Charles Darwin, *On the Origin of Species by Means of Natural Selection, or the Preservation of Favoured Races in the Struggle for Life* (Mineola, NY: Dover Publications, 2006), 303.(ダーウィン『種の起源』渡辺政隆訳、光文社、2009年)

6 Ibid., 301.(ダーウィン『種の起源』)

7 Ibid., 304. (ダーウィン『種の起源』)

8 Ibid., 288. (ダーウィン『種の起源』)

9 Agassiz, Methods of Study in Natural History, iv.

10 Jordan, *The Days of a Man, Volume One*, 114.

第4章　尾を追いかけて

1 Jordan, *The Days of a Man, Volume One*, 140–41.

2 Ibid., 141.

3 Ibid., 140.

4 Ibid., 144.

5 Ibid., 202.

6 "David Starr Jordan Lauds Work of Late C. H. Gilbert," *Indianapolis Star*, July 15, 1928.

7 Jordan, *The Days of a Man, Volume One*, 205–9.

8 Ibid., 208.

9 Ibid., 228.

10 Ibid., 129.

11 Ibid., 212.

12 David Starr Jordan, Edwin Grant Conklin, Frank Mace McFarland, and James Perrin Smith, *Foot-Notes to Evolution: A Series of Popular Addresses on the Evolution of Life* (New York: D. Appleton, 1898), 277.

13 Ibid., 278.

14 Ibid., 204, 210, 215, 221.

15 Ibid., 211–12.

16 Ibid., 226.

17 Ibid., 288–89.

18 Ibid., 297.

19 "Collected from the Ashes!," *Bloomington Telephone*, July 21, 1883.

20 Jordan, *The Days of a Man, Volume One*, 279.

21 Edith Jordan Gardner, "The Days of Edith Jordan Gardner" (unpublished, 1961), SC0058 Series VIII-B, Box 1, Folder 3, Special Collections and University Archives, Stanford University.

22 "Rest in Peace: Burial of Mrs. Susan B. Jordan," David Starr Jordan papers, Hoover Institution Archives.

23 Multiple correspondences, 1884, David Starr Jordan papers, 000240, Box 38, Hoover Institution Archives (David Starr Jordan to Susan Bowen Jordan, Oct. 24, 1884; Susan Bowen Jordan to her father, Jan. 22, 1884).

24 Jordan, *The Days of a Man, Volume One*, 530–33.

25 Gardner, "The Days of Edith Jordan Gardner."

26 Jordan, *The Days of a Man, Volume One*, 326.

27 Ibid., 46.

28 Theresa Johnston, "Meet President Jordan," *Stanford Magazine*, Jan. 2010.

29 Orrin Leslie Elliott, "David Starr Jordan: An Appreciation," *Stanford Illustrated Review*, Oct. 1931.

30 Jordan, *The Days of a Man, Volume One*, 46.

31 Daniel G. Kohrs, "Hopkins Seaside Laboratory of Natural History," *Seaside: History of Marine Science in Southern Monterey Bay*, 2013, 40, https://web.stanford.edu/group/seaside/pdf/hsl4.pdf.

32 unnamed reporter, "David Starr Jordan Lauds Work of Late C. H. Gilbert,"

1928.

33 Louis Agassiz to S. G. Howe, Aug. 10, 1863, 次の資料で引用されている。Steven Jay Gould, *The Mismeasure of Man* (New York: W. W. Norton & Company, 1996), 80.(スティーヴン・J・グールド『人間の測りまちがい 差別の科学史』鈴木善次／森脇靖子訳、河出書房新社、2008年)

34 Jordan, *The Days of a Man, Volume One*, 113–14.

35 Ibid., 377.

36 Ibid., 512–13.

37 Ibid., 512.

38 Ibid., 531.

39 Ibid., 23–24.

40 Ibid., 380.

41 Ibid., 289–95.

42 David Starr Jordan, *The Days of a Man: Being Memories of a Naturalist, Teacher and Minor Prophet of Democracy, Volume Two, 1900–1921* (Yonkers-on-Hudson, NY: World Book Company, 1922), 105.

43 Jordan, *Days of a Man: Volume One*, 263–67.

44 Ibid., 263.

45 Jane Lathrop Stanford to Horace Davis, Jan. 28, 1905, Special Collections and University Archives, Stanford University, SC0033B, Series I, Box 2, Folder 10, 1–8, https://purl.stanford.edu/sn623dy4566; J. Stanford to David Starr Jordan, Aug. 9, 1904, Ibid.

46 Robert W. P. Cutler, MD, *The Mysterious Death of Jane Stanford* (Stanford, CA: Stanford University Press, 2003), 32.

47 David Starr Jordan to Jane Stanford, Sep. 5, 1904. Special Collections and University Archives, Stanford University, SC0033B, Series I, Box 6, Folder 35, 22–23, https://purl.stanford.edu/hm923kc8513; See also, *Sciosophy* writings.

48 Jordan, *The Days of a Man, Volume One*, 219–20.

49 Ibid., 220.

50 David Starr Jordan, "The Sympsychograph: A Study in Impressionist Physics," *Popular Science Monthly*, Sept. 18, 1896; David Starr Jordan, "The Principles of Sciosophy," *Science*, May 18, 1900.

51 David Starr Jordan, "Science and Sciosophy," *Science*, June 27, 1924, 565.
52 Ibid., 569.
53 David Starr Jordan, "The Moral of the Sympsychograph," *Popular Science Monthly*, Oct. 1896, 265.
54 Jane Stanford to Horace Davis, July 14, 1904 (Stanford University Archives), as cited in Cutler, *The Mysterious Death of Jane Stanford*, 107.
55 Cutler, *The Mysterious Death of Jane Stanford*, 32.

第5章　標本瓶の中の始祖

1 著者によるインタビュー。Steve Patterson（2017年1月13日）; Chioke I'Anson（2017年12月12日）; Trenton Merricks（2017年10月27日）。
2 著者によるインタビュー（2017年10月27日）。
3 Smithsonian's National Museum of Natural History's Fish Collection Database, (specimen 51444), https://collections.nmnh.si.edu/search/fishes/; World Register of Marine Species (AphiaID #367712), http://www.marinespecies.org/aphia.php?p=taxdetails&id=367712; California Academy of Science's Catalog of Fishes (CAS-SU 7940), http://researcharchive.calacademy.org/research/Ichthyology/collection/index.asp; B. A. Sheiko and C. W. Mecklenburg, "Family Agonidae Swainson 1839," Annotated Checklists of Fishes, No. 30, February 2004, California Academy of Sciences, 1–3, 20–22, 26; 本書の初版出版後、魚類の命名由来を調べるウェブサイトetyfish.orgの運営者クリストファー・シャルプフが、ロシアの魚類学者ピョートル・シュミットがジョーダンにちなんで命名したという説を教えてくれた。
4 Jordan, *The Days of a Man, Volume One*, 145.
5 Ibid., 121.
6 Ibid., 238.
7 Ibid., 113–14.
8 David Starr Jordan, *A Guide to the Study of Fishes* (New York: Henry Holt and Company, 1905), 430.
9 Jordan, *The Days of a Man, Volume Two*, 84.
10 Charles Reynolds Brown, *They Were Giants* (New York: Macmillan, 1934), 202.

11 Jordan, *The Days of a Man, Volume Two*, 83.

12 Bliss Carnochan, "The Case of Julius Goebel: Stanford, 1905," *The American Scholar*, Jan. 2003, 97; Cutler, *The Mysterious Death of Jane Stanford*, 73.

13 Luther William Spoehr, "Freedom to Do Right: David Starr Jordan and the Goebel and Rolfe Cases" (adapted from Luther William Spoehr: "Progress' Pilgrim: David Starr Jordan and the Circle of Reform, 1891–1931," PhD dissertation, Stanford University, 1975), 2.

14 Carnochan, "The Case of Julius Goebel: Stanford, 1905," 99.

15 Goebel to Stanford, June 6, 1904 (Stanford Archives, Horace Davis Papers SC0028, Box 1, Folder 10), 次の資料に引用されている。Carnochan, "The Case of Julius Goebel: Stanford, 1905," 99.

16 Stanford to Davis, July 14, 1904, Stanford University Archives, 次の資料に引用されている。Cutler, *The Mysterious Death of Jane Stanford*, 107.

17 Spoehr, "Progress' Pilgrim," 138.

18 "MRS. STANFORD DIES, POISONED," *San Francisco Evening Bulletin*, March 1, 1905.

19 Carnochan, "The Case of Julius Goebel: Stanford, 1905," 101.

20 Jordan, *The Days of a Man, Volume Two*, 158–64.

第6章 崩壊

1 Jordan, *The Days of a Man, Volume Two*, 168.

2 United States Geological Survey, "M 7.9 April 18, 1906 San Francisco Earthquake," https://earthquake.usgs.gov/earthquakes/events/1906calif/.

3 Abraham Hoffman, *California's Deadliest Earthquakes: A History* (Charleston, SC: History Press, 2017), 2.

4 The National Archives, "San Francisco Earthquake, 1906," https://www.archives.gov/legislative/features/sf.

5 Jordan, *The Days of a Man, Volume Two*, 168.

6 Ibid., 169.

7 Ibid., 168.

8 Ibid., 169.

9 Ibid.

10 Ibid.

11 Molly Vorwerck, "All Shook Up: Stanford's Earthquake History," *Stanford Daily*, Oct. 11, 2013.

12 Jordan, *The Days of a Man, Volume Two*, 169.

13 Photo credit: US Geological Survey, Denver Library Photographic Collection/Walter Curran Mendenhall Collection, 1906.

14 Jordan to Lathrop, May 24, 1906, Special Collections and University Archives, Standford University, SC0058, Series II-A, Box 1B-29, Folder 107.

15 Jordan to Greene, May 16, 1906, Special Collections and University Archives, Stanford University, SC0058, Series II-A, Box 1B-29, Folder 107.

16 Ettler to Jordan, May 21, 1906, Special Collections and University Archives, Stanford University, SC0058, Series II-A, Box 1B-29, Folder 107.

17 Jordan to Greene, May 16, 1906, Special Collections and University Archives, Stanford University.

18 J. Böhlke, *A Catalogue of the Type Specimens of Recent Fishes in the Natural History Museum of Stanford University* (*Stanford Ichthyological Bulletin*, Volume 5), ed. Margaret H. Storey and George S. Myers (Stanford, CA: Stanford University, 1953), 3.

19 Jordan, *The Days of a Man, Volume Two*, 175.

20 Böhlke, *A Catalogue of the Type Specimens of Recent Fishes*, 3.

21 California Academy of Sciences Ichthyology Collection Database, CatNum: CAS-SU 6509, http://researcharchive.calacademy.org/research/Ichthyology/collection/index.asp?xAction=getrec&close=true&LotID=106509.

22 Ibid., Primary Type Image Base, http://researcharchive.calacademy.org/research/ichthyology/Types/index.asp?xAction=Search&RecStyle=Full&TypeID=573.

第7章　不壊なるもの

1 David Starr Jordan, *The Book of Knight and Barbara, Being a Series of Stories Told to Children: Corrected and Illustrated by the Children* (New York: D. Appleton and Company, 1899), 138–40.

2 Ibid., 4–5.

3 Jordan, "Science and Sciosophy," 569.

4 Jordan, “The Moral of the Sympsychograph,” 265.
5 Alberto A. Martínez, “Was Giordano Bruno Burned at the Stake for Believing in Exoplanets?” *Scientific American*, March 19, 2018, https://blogs.scientificamerican.com/observations/was-giordano-bruno-burned-at-the-stake-for-believing-in-exoplanets/.
6 Jordan, “Science and Sciosophy,” 563.
7 David Starr Jordan, *Evolution: Syllabus of Lectures* (Alameda, CA, 1892), 6–7, SC0058 Series II-B Half Box 7, Special Collections and University Archives, Stanford University.
8 Jordan, *The Days of a Man, Volume One*, 48.
9 David Starr Jordan, *The Philosophy of Despair* (San Francisco: Stanley Taylor Company, 1902), 17.
10 Jordan, Ibid., 14.
11 Ibid., 30.
12 Jordan, *Evolution: Syllabus of Lectures*, 14.
13 Jordan, *The Days of a Man, Volume One*, 16.
14 Jordan, *The Days of a Man, Volume Two*, 115.
15 Jordan, *Evolution: Syllabus of Lectures*, 14.
16 Jordan, *The Philosophy of Despair*, 33–34.
17 Ibid., 14.
18 Ibid., 19.
19 Ibid., 32.
20 Jordan, *Evolution: Syllabus of Lectures*, 14.
21 Jordan, *The Days of a Man, Volume Two*, 177–78.

第8章　妄想

1 Shelley E. Taylor and Jonathon D. Brown, “Illusion and Well-Being: A Social Psychological Perspective on Mental Health,” *Psychological Bulletin* 103, no. 2 (1988): 193.
2 Ibid.
3 Ibid., 195–97.
4 Ibid., 199; Michael Dufner, “Self-Enhancement and Psychological Adjustment: A Meta-Analytic Review,” *Personality and Social Psychology Re-*

view 23, no. 2 (2019): 48–72.

5 Ibid.

6 Tim Wilson, *Redirect: Changing the Stories We Live By* (New York: Little, Brown and Company, 2011); Gregory M. Walton and Geoffrey L. Cohen, "A Brief Social-Belonging Intervention Improves Academic and Health Outcomes of Minority Students," *Science*, March 18, 2011, 1447–51; Kirsten Weir, "Revising Your Story," *Monitor on Psychology*/American Psychological Association 43, no. 3 (March 2012): 28.

7 著者によるインタビュー。次のラジオ番組にて。National Public Radio, "Editing Your Life's Stories Can Create Happier Endings," Jan. 1, 2014, https://www.npr.org/templates/transcript/transcript.php?storyId=258674011.

8 Lauren Alloy and C. M. Clements, "Illusion of Control: Invulnerability to Negative Affect and Depressive Symptoms after Laboratory and Natural Stressors," *Journal of Abnormal Psychology* 101, no. 2 (May 1992): 234–45; Sandra Murray and John Holmes, "The Self-Fulfilling Nature of Positive Illusions in Romantic Relationships: Love Is Not Blind, but Prescient," *Journal of Personality and Social Psychology* 71, no. 6 (1996): 1155–80; Taylor and Brown, "Illusion and Well-Being," 193–210.

9 Judith Rodin and Ellen Langer, "Long-term Effects of a Control-Relevant Intervention with the Institutionalized Aged," *Journal of Personality and Social Psychology* 35, no. 12 (1977): 897.

10 Brad J. Bushman and Roy F. Baumeister, "Threatened Egotism, Narcissism, Self-Esteem, and Direct and Displaced Aggression: Does Self-Love or Self-Hate Lead to Violence?," *Journal of Personality and Social Psychology* 75, no. 1 (1998): 219.

11 National Institute of Mental Health Report, 1995, 182, 次の資料で引用されている。Richard W. Robins and Jennifer S. Beer, "Positive Illusions About the Self: Short-Term Benefits and Long-Term Costs," *Journal of Personality and Social Psychology* 80, no. 2 (2001): 340.

12 Angela Duckworth, personal website, https://angeladuckworth.com/media/.

13 Angela Duckworth, Christopher Peterson, Michael D. Matthews, and Dennis R. Kelly, "Grit: Perseverance and Passion for Long-Term Goals," *Jour-*

nal of Personality and Social Psychology 92, no. 6 (2007): 1089.

14 Angela Duckworth, *Grit: The Power of Passion and Perseverance* (New York: Scribner, 2016), 57, 74–78.(アンジェラ・ダックワース『やり抜く力 人生のあらゆる成功を決める「究極の能力」を身につける』神崎朗子訳、ダイヤモンド社、2016年)

15 Erin Marie O'Mara and Lowell Gaertner, "Does Self-Enhancement Facilitate Task Performance?" *Journal of Experimental Psychology: General* 146, no. 3 (2017): 442–55; Richard B. Felson, "The Effect of Self-Appraisals of Ability on Academic Performance," *Journal of Personality and Social Psychology* 47, no. 5 (1984): 944–52.

16 Alloy and Clements, "Illusion of Control"; Taylor and Brown, "Illusion and Well-Being"; S. Thompson, "Illusions of Control: How We Overestimate Our Personal Influence," *Current Directions in Psychological Science* 8 (1999): 187–90; Numerous studies cited in Dufner, "Self-Enhancement and Psychological Adjustment," 51.

17 Duckworth et al., "Grit: Perseverance and Passion for Long-Term Goals," 1087–88.

18 Jordan, *The Days of a Man, Volume One*, 46.

19 Ibid., 75–76.

20 著者によるインタビュー(2019年6月18日)。

21 Carnochan, "The Case of Julius Goebel: Stanford, 1905," 99.

22 David Starr Jordan, as quoted in Bailey Millard, "Jordan of Stanford," *Los Angeles Times Sunday Magazine*, Jan. 21, 1934, 6.

23 Roy Porter, "Reason, Madness, and the French Revolution," *Studies in Eighteenth-Century Culture* 20 (1991): 73.

24 Delroy Paulhus, "Interpersonal and Intrapsychic Adaptiveness of Trait Self-Enhancement: A Mixed Blessing," *Journal of Personality and Social Psychology* 74, no. 5 (1998): 1197–1208.

25 Tomas Chamorro-Premuzic, *Confidence: The Surprising Truth About How Much You Really Need and How to Get It* (London: Profile Books Ltd, 2013).

26 James Coyne, "Re-examining Ellen Langer's Classic Study of Giving Plants to Nursing Home Residents," *Coyne of the Realm*, Nov. 5, 2014, http://

www.coyneoftherealm.com/2014/11/05/re-examining-ellen-langers-classic-study-giving-plants-nursing-home-residents/; Judith Rodin and Ellen Langer, "Erratum to Rodin and Langer," *Journal of Personality and Social Psychology* 36, no. 5 (1978): 462.

27 Dufner, "Self-Enhancement and Psychological Adjustment," 63, 66.

28 Wilberta L. Donovan, "Maternal Self-Efficacy: Illusory Control and Its Effect on Susceptibility to Learned Helplessness," *Child Development* 61, no. 5 (Oct. 1990): 1638–47.

29 Richard W. Robins and Jennifer S. Beer, "Short-Term Benefits and Long-Term Costs," *Journal of Personality and Social Psychology* 80, no. 2 (2001): 341.

30 Bushman and Baumeister, "Threatened Egotism," 219.

31 Ibid., 222.

32 Ibid., 219, 223.

33 Ibid., 219.

34 Abey Obejas and David Greene, "Complicated Feelings: 'The Little Fidel in All of Us,'" *Morning Edition*, National Public Radio, Nov. 30, 2016, http://www.npr.org/2016/11/30/503825310/complicated-feelings-the-little-fidel-in-all-of-us.

35 Joshua Keating, "Moscow to ban snow," *Foreign Policy*, Oct. 15, 2009, https://foreignpolicy.com/2009/10/15/moscow-to-ban-snow/.

36 United States Government Accountability Office, "Report to Congressional Requesters," July 2018, 19, https://www.gao.gov/assets/700/693488.pdf.

37 JM Rieger, "For years Trump promised to build a wall from concrete. Now he says it will be built from steel," *Washington Post*, Jan. 7, 2019, https://www.washingtonpost.com/politics/2019/01/07/years-trump-promised-build-wall-concrete-now-he-says-it-will-be-built-steel/.［訳注：トランプは1度目の大統領就任中に、不法移民の流入を阻止する狙いで、メキシコ国境沿いに壁を建設するプロジェクトを推し進めた］

38 Bushman and Baumeister, "Threatened Egotism," 228.

39 Spoehr, "Freedom to Do Right," 53.

第9章　この世で一番苦いもの

1 Goebel to Stanford, June 6, 1904 (Stanford Archives, Horace Davis Papers SC0028, Box 1, Folder 10), 次の資料で引用されている。Carnochan, "The Case of Julius Goebel: Stanford, 1905," 99.

2 Spoehr, "Progress' Pilgrim," 138.

3 Cutler, *The Mysterious Death of Jane Stanford*, 20–25.

4 Ibid., 25.

5 Ibid., 32–33.

6 Ibid., 9–10, 23, 98.

7 US Department of Agriculture, "Report for February 1905: Hawaiian Section of the Climate and Crop Service of the Weather Bureau," 7, https://babel.hathitrust.org/cgi/pt?id=uc1.$c188080&view=1up&seq=23.

8 *Pacific Commercial Advertiser*, March 2, 1905, 次の資料で引用されている。Cutler, *The Mysterious Death of Jane Stanford*, 10.

9 Cutler, *The Mysterious Death of Jane Stanford*, 9.

10 Ibid., 10.

11 Ibid., 12.

12 Ibid., 12–13.

13 Ibid., 14.

14 Ibid.

15 Ibid.

16 Ibid., 15.

17 Ibid.

18 Ibid., 17.

19 Ibid., 17–18.

20 Ibid., 39–41.

21 Ibid., 41.

22 Ibid., 39–40.

23 Ibid., 11.

24 Ibid., 17–18.

25 Ibid., 15.

26 Ibid., 45.

27 "Quick Stanford Verdict," *New York Times*, March 11, 1905.

28 Cutler, *The Mysterious Death of Jane* Stanford, 47.

29 Ibid., 48; "Testimony of Dr. Waterhouse," Stanford University Archives, 次の資料で引用されている。Cutler, *The Mysterious Death of Jane Stanford*, 48, 55.

30 Cutler, *The Mysterious Death of Jane Stanford*, 46, 62.

31 Ibid., 62.

32 Jordan to Carl S. Smith, Mar. 24, 1905, Special Collections and University Archives, Stanford University, SC0033B, Series 4, Box 1, Folder 11, 4, https://purl.stanford.edu/dr431vh4868.

33 "Not Murder, Says Jordan: Thinks Unfit Food and Exertion Killed Mrs. Stanford," *New York Times*, March 15, 1905.

34 著者によるインタビュー(2017年2月8日)。ヤスミン博士の発言はすべてこのときの会話から。

35 Jordan, *The Days of a Man, Volume One*, 146.

36 "Jordan Scouts Poison Idea: University President Doesn't Think Mrs. Stanford Was Murdered," *New York Times*, March 15, 1905.

37 "Not Murder, Says Jordan: Thinks Unfit Food and Exertion Killed Mrs. Stanford."

38 Cutler, *The Mysterious Death of Jane Stanford*, 50.

39 Ibid., 54.

40 Ibid., 56.

41 "Not Murder, Says Jordan: Thinks Unfit Food and Exertion Killed Mrs. Stanford."

42 Cutler, *The Mysterious Death of Jane Stanford*, 55.

43 Ibid., 54.

44 *Pacific Commercial Advertiser*, March 17, 1905, 次の資料で引用されている。Cutler, *The Mysterious Death of Jane Stanford*, 56.

45 Jordan to Judge Samuel Franklin Leib, March 22, 1905, Stanford University Archives, 次の資料で引用されている。Cutler, *The Mysterious Death of Jane Stanford*, 37. 書簡の宛先であるサミュエル・フランクリン・リーブ判事は、ジェーン・スタンフォードの後を継いでスタンフォード大学理事会の会長になった。

46 Cutler, *The Mysterious Death of Jane Stanford*, 75–76.

47 "Jane Stanford: The Woman Behind Stanford University," Stanford University website, July 17, 2010, https://web.archive.org/web/20160521025646/http://janestanford.stanford.edu/biography.html.

48 "Meet President Jordan," *Stanford Magazine*, January 2010, https://stanfordmag.org/contents/meet-president-jordan.

49 Lee Romney, "The Alma Mater Mystery," *Los Angeles Times*, October 10, 2003.

50 著者によるインタビュー。Maggie Cutler(2017年5月12日)。

51 Cutler, *The Mysterious Death of Jane Stanford*, 104–8.

52 Carnochan, "The Case of Julius Goebel: Stanford, 1905," 108.

53 著者によるインタビュー。Richard White(2017年5月11日)。

54 Fred(?) Baker to David Starr Jordan, March 4, 1905, Special Collections and University Archives, Stanford University, SC0033B, Series 4, Box 1, Folder 14.

55 Goebel to Jordan, May 24, 1905,. Special Collections and University Archives, Stanford University, SC0058, Series IB, Box 47, Folder 194.

56 Unknown to Jordan, March 16, 1905, Special Collections and University Archives, Stanford University, SC0033B, Series 4, Box 1, Folder 14; ウォーターハウス医師が非倫理的な行動をしたという糾弾は、次の資料に含まれる手紙2通を参照。Special Collections and University Archives, Stanford University, SC0058, Series IAA, Box 14, Vol. 28: Jordan to Mountford Wilson, May 10, 1905(ほかのハワイの医師たちが、ウォーターハウス医師の不適切な対応について医学誌に論稿を載せる予定がある、という件についての記述がある); Jordan to Waterhouse, May 4, 1905(ジョーダンがウォーターハウス医師に対し、きみはきちんと行動した、と請け合っている)。

57 著者によるインタビュー。Richard White(2017年5月11日)。

58 著者によるインタビュー。Maggie Cutler(2017年5月12日)。

59 著者によるインタビュー。Maggie Cutler(2017年4月14日)。

60 著者によるインタビュー(2017年4月)。

61 Luther Spoehr, "Letters to the Editor," *Stanford Magazine*, March/Apr. 2004, https://stanfordmag.org/contents/letters-to-the-editor-8521.

62 Drawings, Special Collections and University Archives, Stanford University, SC0058, Series IV-C, Box 6B, Folder 25.

63 Lathrop to Jordan, March 1905, Special Collections and University Archives, Stanford University, SC0058, Series IA, Box 46, Folder 451.

64 Newspaper clipping (paper unknown),"Dr. Jordan's Statement Is Riddled by the Experts," Special Collections and University Archives, Stanford University, SC0058, Series IA, Box 46, Folder 451.

65 Jessie Knight handwritten remembrance, Special Collections and University Archives, Stanford University, SC0058, Series I-F, Box 6, Folder 48.

66 Box of medals, Special Collections and University Archives, Stanford University, SC0058, Series XI, Box 7.

67 David Starr Jordan, "Where Uncle Sam's Solar Plexus Is Located," unknown newspaper, Apr. 1915, David Starr Jordan papers, Box 53, Folder 28, Hoover Institution Archives.

68 Journals, Special Collections and University Archives, Stanford University, SC0058, Series IIA, Box 1.

69 David Starr Jordan, *A Guide to the Study of Fishes* (New York: Henry Holt and Company, 1905), 3.

70 Judge George E. Crothers to Cora (Mrs. Fremont) Older, Jan. 10, 1905, Stanford University Archives, 次の資料で引用されている。Cutler, *The Mysterious Death of Jane Stanford*, 104.

71 Jordan, *A Guide to the Study of Fishes*, 430.

第10章　正真正銘の化け物屋敷

1 Luther Spoehr, "Freedom to Do Right," 17–24, 28–31, 36.

2 "Meet President Jordan," *Stanford Magazine*.

3 Jordan, *The Days of a Man, Volume Two*, 314–15.

4 David Starr Jordan, *The Human Harvest: A Study of the Decay of Races Through the Survival of the Unfit* (Boston: American Unitarian Association, 1907), 64–65.

5 Jordan, *Foot-Notes to Evolution*, 277–78.

6 Ibid., 279.

7 Jordan, *The Days of a Man, Volume Two*, 314.

8 Jordan, *The Human Harvest*, 54, 62.

9 Ibid., 65.

10 Ibid., 63–65.

11 Ibid., 34, 49, 69; David Starr Jordan, *The Blood of the Nation: A Study of the Decay of Races Through the Survival of the Unfit* (Boston: American Unitarian Association, 1906).

12 Francis Galton, *Memories of my Life* (London: Methuen, 1909), 次の資料で引用されている。Nicholas Gillham, “Cousins: Charles Darwin, Sir Francis Galton, and the Birth of Eugenics,” The Royal Statistical Society, Aug. 24, 2009, 133, https://rss.onlinelibrary.wiley.com/doi/full/10.1111/j.1740-9713.2009.00379.x.

13 Gillham, “Cousins: Charles Darwin, Sir Francis Galton, and the Birth of Eugenics,” 134.

14 Francis Galton, *The Eugenic College of Kantsaywhere*, University College London, Galton Collection, 28–29, 45–47; 次の資料も参照。Francis Galton and Lyman Tower Sargent, “The Eugenic College of Kantsaywhere,” *Utopian Studies* 12, no. 2 (2001).

15 Galton, *Kantsaywhere*, 45–47.

16 Burns, *David Starr Jordan: Prophet of Freedom*, 37.

17 Jordan, *The Days of a Man, Volume One*, 132–33.

18 Jordan, *Evolution: Syllabus of Lectures* (Alameda, CA, 1892), 9, Special Collections and University Archives, Stanford University, SC0058, Series IIB, Box 7.

19 Ibid.

20 Jordan, *The Human Harvest*, 6; 前書き(“Prefatory Note,” 5)に次のように書かれている。「本書には同テーマのエッセイが2本収録されている。1本はスタンフォード大学で1899年に発表されたもの(……)もう1本は、フィラデルフィアで1906年、ベンジャミン・フランクリン生誕200年の年に発表されたものである」

21 Jordan, *Foot-Notes to Evolution*.

22 Jordan, *The Human Harvest*, 62–65.

23 Ibid., 64–65; “David Starr Jordan Speaks Here Tonight,” “That Japanese Bugaboo”これらの記事は次の場所で確認された。Special Collections and University Archives, Stanford University, SC0058, Series III, Box 4, Volume 6.

24 Jordan, *The Human Harvest*, 62–63.
25 Jordan, *The Days of a Man, Volume Two*, 314–15.
26 Jordan, *Foot-Notes to Evolution*, 285–86.
27 Harry H. Laughlin, "Eugenics Record Office; Bulletin No. 10A; Report of the Committee to Study and to Report on the Best Practical Means of Cutting Off the Defective Germ-Plasm in the American Population," *National Information Resource on Ethics and Human Genetics* (Feb. 1914): 46.
28 Jordan, *The Human Harvest*, 65.
29 "Surgeon Lets Baby, Born to Idiocy, Die," *New York Times*, July 15, 1917.
30 *The Black Stork*, written by Jack Lait and Harry Haiselden, dir. Leopold Wharton and Theodore Wharton, Sheriott Pictures Corp., Feb. 1917.
31 Edwin Black, "Eugenics and the Nazis—the California Connection," *San Francisco Chronicle*, Nov. 9, 2003, https://www.sfgate.com/opinion/article/Eugenics-and-the-Nazis-the-California-2549771.php.
32 著者によるインタビュー。Paul A. Lombardo（2019年8月27日）。
33 Paul A. Lombardo, *Three Generations, No Imbeciles: Eugenics, the Supreme Court, and Buck v. Bell* (Baltimore: Johns Hopkins University Press, 2008), 22, 次の資料を引用している。"Whipping and Castrations as Punishments for Crime," *Yale Law Journal*, vol. 8, June 1899, 382.
34 Lombardo, *Three Generations, No Imbeciles*, 24; 1907 Indiana Laws, ch. 215; Lutz Kaelbor, "Presentation about 'Eugenic Sterilizations' in Comparative Perspective at the 2012 Social Science History Association," https://www.uvm.edu/~lkaelber/eugenics/IN/IN.html.
35 Elof Axel Carlson, *The Unfit: A History of a Bad Idea* (Cold Spring Harbor, NY: Cold Spring Harbor Laboratory Press, 2001), 193.
36 著者によるインタビュー。Paul Lombardo（2019年4月30日）。
37 Adam S. Cohen, "Harvard's Eugenics Era," *Harvard Magazine*, March 2016.
38 Alexandra Minna Stern, "Making Better Babies: Public Health and Race Betterment in Indiana, 1920–1935," *American Journal of Public Health* 92, no. 5 (May 2002): 748, 750.
39 Madison Grant, *The Passing of the Great Race: Or the Racial Basis of European Ancestry* (New York: Charles Scribner's Sons, 1916).

40 Stefan Kühl, *The Nazi Connection: Eugenics, American Racism, and German National Socialism* (Oxford: Oxford University Press, 2002), 85(シュテファン・キュール『ナチ・コネクション　アメリカの優生学とナチ優生思想』麻生九美訳、明石書店、1999年); Timothy Ryback, "A Disquieting Book from Hitler's Library," *New York Times*, Dec. 7, 2011.

41 Grant, *The Passing of the Great Race*, 45.

42 Ibid., 45–51.

43 Edwin Black, "The Horrifying American Roots of Nazi Eugenics," History News Network, Sept. 2003, http://historynewsnetwork.org/article/1796.

44 Lombardo, *Three Generations, No Imbeciles*, 58.

45 Portland lawyer C. E. S. Wood, 次の資料に引用されている。Lombardo, *Three Generations, No Imbeciles*, 28.

46 Governor Samuel Pennypacker, as cited in David R. Berman, *Governors and the Progressive Movement* (Louisville, CO: University Press of Colorado, 2019), 184.

47 Lombardo, *Three Generations, No Imbeciles*, 28.

48 Darwin, *On the Origin of Species*, 26, 36, 61, 63, 66, 74, 90, 107, 168, 204, 216, 304.(ダーウィン『種の起源』)

49 Ibid., 26, 61, 63, 66, 72, 168, 204.(ダーウィン『種の起源』)

50 Ibid., 168.(ダーウィン『種の起源』)

51 Ibid., 63.(ダーウィン『種の起源』)

52 Ibid., 26, 66, 168.(ダーウィン『種の起源』)

53 Ibid., 79–80.(ダーウィン『種の起源』)

54 Ibid., 296.(ダーウィン『種の起源』)

55 Ibid., 53.(ダーウィン『種の起源』)

56 Elizabeth Pennisi, "Meet the obscure microbe that influences climate, ocean ecosystems, and perhaps even evolution," *Science*, March 9, 2017, https://www.sciencemag.org/news/2017/03/meet-obscure-microbe-influences-climate-ocean-ecosystems-and-perhaps-even-evolution.

57 Darwin, *On the Origin of Species*, 79–80.(ダーウィン『種の起源』)

58 Thorkil Sonne, as quoted in David Bornstein, "For Some with Autism, Jobs to Match Their Talents," *New York Times*, June 30, 2011.

59 Darwin, *Origin of Species*, 63.(ダーウィン『種の起源』)

60 Jordan, *The Human Harvest*, 62–65; Grant, *The Passing of the Great Race*, 49.

61 David Starr Jordan, *Your Family Tree* (New York: D. Appleton and Co, 1929), 10.

62 Ibid., 5.

63 Harry Laughlin, "Notes of the History of the Eugenics Record Office," Dec. 31, 1939, Private Collection, Eugenics Record Office; Jordan, *The Days of a Man, Volume Two*, 297–98; Lombardo, *Three Generations, No Imbeciles*, 31.

64 Kaaren Norrgard, "Human Testing, the Eugenics Movement, and IRBs," *Nature Education* 1, no. 1 (2008): 170, https://www.nature.com/scitable/topicpage/human-testing-the-eugenics-movement-and-irbs-724.

65 Charles Davenport, 次の資料で引用されている。Garland E. Allen, "The Eugenics Record Office at Cold Spring Harbor, 1910–1940: An Essay in Institutional History," *Osiris* 2 (1986): 225–64.

66 Norrgard, "Human Testing, the Eugenics Movement, and IRBs."

67 Ibid.

68 Lombardo, *Three Generations, No Imbeciles*, 27.

69 Ibid., 61.

70 Letter from George Mallory to Albert Priddy, Nov. 5, 1917. Record, *Mallory v. Priddy*, 次の資料で引用されている。Lombardo, *Three Generations, No Imbeciles*, 70.

71 Lombardo, *Three Generations, No Imbeciles*, 91–110; "A. S. Priddy Summons" (2009), *Buck v. Bell Documents*, Paper 17, http://readingroom.law.gsu.edu/buckvbell/17.

72 Lombardo, *Three Generations, No Imbeciles*, 103–12.

73 Ibid., 111.

74 Paul Lombardo, "Facing Carrie Buck," *Hastings Center Report* 33, no. 2 (March 2003): 16, https://doi.org/10.2307/3528148.

75 Arthur Estabrook testimony, *Buck v. Priddy*, Amherst, VA, 1924, as cited in, http://www.eugenicsarchive.org/html/eugenics/static/themes/39.html.

76 Ibid., 107–8, 115, 117, 135, 136–48, 155.

77 Burns, *David Starr Jordan*, 32–33; Jordan, *The Days of a Man, Volume*

One, 45.

78 "Eric Jordan Hurt In Auto Accident Near Gilroy Today," Stanford Daily, March 10, 1926, https://stanforddailyarchive.com/cgi-bin/stanford?a=d&d=stanford19260310-01.2.17&e=-------en-20--1--txt-txIN-------.

79 ERO's Harry Laughlin testimony, *Buck v. Priddy*, Amherst, VA, 1924, 次の資料で引用されている。https://www.facinghistory.org/resource-library/supreme-court-and-sterilization-carrie-buck.

80 *Buck Record*, 33–35, 次の資料で引用されている。Lombardo, *Three Generations, No Imbeciles*, 107.

81 *Buck v. Bell*, 274 US 200 (1927).

82 Carolyn Robinson (Training and Policy Director at the Central Virginia Training Center), 次の記者に語った。*Encyclopedia Virginia* reporter Miranda Bennett, 2018.

83 Paul Lombardo, "In the Letters of an 'Imbecile,' the Sham, and Shame, of Eugenics," *UnDark*, Oct. 4, 2017, https://undark.org/article/carrie-buck-letters-eugenics/.

84 次の資料で引用されている。Adam Cohen, *Imbeciles: The Supreme Court, American Eugenics, and the Sterilization of Carrie Buck* (New York: Penguin Press, 2016), 298.

85 *Buck v. Bell*, 274 US 200 (1927).

86 Sarah Zhang, "A Long-Lost Data Trove Uncovers California's Sterilization Program," *Atlantic*, Jan. 3, 2017, https://www.theatlantic.com/health/archive/2017/01/california-sterilization-records/511718/.

87 Alexandra Minna Stern, "When California Sterilized 20,000 of Its Citizens," *Zocalo*, Jan. 6, 2016, http://www.zocalopublicsquare.org/2016/01/06/when-california-sterilized-20000-of-its-citizens/chronicles/who-we-were/.

88 Ibid.

89 Nicole L. Novak, Natalie Lira, Kate E. O'Connor, Siobán D. Harlow, Sharon L. Kardia, and Alexandra Minna Stern, "Disproportionate Sterilization of Latinos Under California's Eugenic Sterilization Program, 1920–1945," *American Journal of Public Health* 108 (May 2018): 611–13, https://doi.org/10.2105/AJPH.2018.304369.

90 Carolyn Hoemann, "Genuine Justice: Sterilization Abuse of Native Ameri-

can Women," KRUI, Oct. 17, 2016, http://krui.fm/2016/10/17/genuine-justice-sterilization-abuse-native-american-women/.

91 Lutz Kaelber, "Eugenics/Sexual Sterilizations in North Carolina," University of Vermont website, https://www.uvm.edu/~lkaelber/eugenics/NC/NC.html.

92 "Puerto Rico," Eugenics Archive, http://eugenicsarchive.ca/discover/connections/530ba18176f0db569b00001b.

93 Georgia Code Ann. § 31-20-3 (West), https://law.justia.com/codes/georgia/2010/title-31/chapter-20/31-20-3/; New Jersey, Stat. Ann. § 30:6D-5 (West), https://law.justia.com/codes/new-jersey/2013/title30/section-30-6d-5/.

94 Corey G. Johnson, "Female Inmates Sterilized in California Prisons Without Approval," Reveal from The Center for Investigative Reporting, July 7, 2013, https://www.revealnews.org/article/female-inmates-sterilized-in-california-prisons-without-approval/.

95 Derek Hawkins, "Tenn. Judge Reprimanded for Offering Reduced Jail Time in Exchange for Sterilization," *Washington Post*, Nov. 11, 2017.

96 Lombardo, *Three Generations, No Imbeciles*, 101; "Chapter Two—Exterior Stone Carvings and Bronze Work," National Academy of Sciences website, http://www.nasonline.org/about-nas/visiting-nas/nas-building/exterior-carvings-and-bronze.html.

第11章　はしご

1 Jordan, *The Days of a Man, Volume One*, 25.

2 Spoehr, "Progress' Pilgrim," 216.

3 Spoehr, "Freedom to Do Right," 53.

4 Jordan, *The Days of a Man, Volume One*, 111.

5 著者によるインタビュー。Luther Spoehr（2019年6月18日）。

6 Jordan, *Your Family Tree*, 4–5, 9–10.

7 Robert Krulwich, "How a 5-Ounce Bird Stores 10,000 Maps in Its Head," *National Geographic*, Dec. 3, 2015.

8 Sana Inoue and Tetsuro Matsuzawa, "Working Memory of Numerals in Chimpanzees," *Current Biology*, Dec. 2007.

9 Elise Nowbahari and Karen L. Hollis, "Rescue Behavior: Distinguishing Between Rescue, Cooperation and Other Forms of Altruistic Behavior," *Communicative & Integrative Biology* 3, no. 2 (2010): 77–9, doi:10.4161/cib.3.2.10018.

10 Michelle Steinauer, "The Sex Lives of Parasites: Investigating the Mating System and Mechanisms of Sexual Selection of the Human Pathogen Schistosoma Mansoni," *International Journal for Parasitology*, Aug. 2009, 1157–63.

11 Darwin, *On the Origin of Species*, 288, 295.（ダーウィン『種の起源』）

12 Ibid.,39.（ダーウィン『種の起源』）。興味深いことに、ダーウィンは『種の起源』出版後、少なくとも1つの寄生生物については見解を翻している。植物学者エイサ・グレイに送った手紙で、ヒメバチと呼ばれる寄生バチの恐ろしさに言及した。「ヒメバチを、慈悲深い全能の神がわざわざ意図をもって設計したのだと納得することは、私にはどうしたってできようもない」。Darwin to Gray, May 22, 1860, Darwin Correspondence Project, http://www.darwinproject.ac.uk/letter/DCP-LETT-2814.xml.［訳注：ヒメバチは他の虫の体内に産卵し、幼虫は宿主の肉を食べながら成長する］

13 Ibid., 39, 296.

第12章　タンポポたち

1 Governor Bob McDonnell, 次の資料で引用されている。"CVTC Closing as Part of Department of Justice Agreement," ABC 13 News, Jan. 26, 2012, https://wset.com/archive/cvtc-closing-as-part-of-department-of-justice-agreement.

2 "History," Central Virginia Training Center, http://www.cvtc.dbhds.virginia.gov/feedback.htm.

3 "Central Virginia Training Center Cemetery," Central Virginia Training Center, http://www.cvtc.dbhds.virginia.gov/cemeter.htm.

4 Lombardo, *Three Generations, No Imbeciles*, 239.

5 Lombardo, *Three Generations*, 190–91.

6 著者によるインタビュー。Anna（2017年3月7日）。

7 Department of Mental Hygiene and Hospitals Sterilization Record Summary, 1967, Anna's personal documents.

8 著者によるインタビュー。Anna(2017年3月7日)。
9 著者によるインタビュー。Anna(2018年6月8日)。
10 Ibid.
11 Ibid.
12 Acute Hospital Discharge Summary, Aug. 9, 1967, Anna's personal documents; Cenon Q. Baltazar, letter to Daisy, Aug. 3, 1967, Anna's personal documents.
13 著者によるインタビュー(2018年6月8日)。
14 Ibid.
15 Ibid.
16 著者によるインタビュー(2018年5月23日)。
17 Darwin, *On the Origin of Species*, 304.(ダーウィン『種の起源』)
18 Ibid., 79–80, 293–6, 301–2, 304–5.(ダーウィン『種の起源』)

第13章　デウス・エクス・マキナ——機械仕掛けの神

1 "Dr. David Starr Jordan Dies," *Healdsburg Tribune*, Sept. 19, 1931.
2 *Daily Palo Alto Times*, Oct. 4, 1934 (次の場所で発見された。Special Collections and University Archives, Stanford University, SC0058, Series I-F, Box 6).
3 Burns, *David Starr Jordan: Prophet of Freedom*, 33.
4 Ibid., 1.
5 Elof Axel Carlson, *The Unfit: A History of a Bad Idea* (Cold Spring Harbor, NY: Cold Spring Harbor Laboratory Press, 2001), 193.
6 Jordan, *The Human Harvest*, 51.
7 「ジョーダン山」。カリフォルニア州トゥーレア郡にある、標高4,067メートルの山。
8 カリフォルニア州ロサンゼルスにある「デイヴィッド・スター・ジョーダン・ハイスクール」と、カリフォルニア州ロングビーチにある「デイヴィッド・ジョーダン・ハイスクール」。
9 米国海洋大気局の調査船「デイヴィッド・スター・ジョーダン号」(R 444)。1966年から2010年まで運航していた。www.noaa.gov.
10 インディアナ州ブルーミントンにある「ジョーダン・アヴェニュー」。
11 ナハ川のそばの「ジョーダン湖」。Jordan, *The Days of a Man, Volume*

Two, 138.

12 ユタ州ドゥーシェイン郡にある「ジョーダン湖」。

13 "The David Starr Jordan Prize for Innovative Contributions to the Study of Evolution, Ecology, Population, or Organismal Biology," Cornell University, http://www.indiana.edu/~dsjprize/index.html.

14 Jordan, *The Days of a Man, Volume One*, 288.

15 Jessica George, "The Immigrants Who Supplied the Smithsonian's Fish Collection," *Edge Effects*, Nov. 7, 2017, https://edgeeffects.net/fish-collection/.

16 Jordan, *Guide to the Study of Fishes*, 430.

17 Jordan, *The Days of a Man, Volume One*, 533.

18 Ibid., 211.

19 Jordan, *Guide to the Study of Fishes*, 430.

20 George S. Meyers, foreword to David Starr Jordan's *The Genera of Fishes and A Classification of Fishes* (Stanford, CA: Stanford University Press, 1963), xv.

21 Theodore W. Pietsch and William D. Anderson, *Collection Building in Ichthyology and Herpetology* (Lawrence, KS: American Society of Ichthyologists, 1997), 5.

22 Yoon, *Naming Nature*, 239.(ヨーン『自然を名づける』)

23 Ibid., 240. 次のページも参照。p. 7.(ヨーン『自然を名づける』)

24 Ibid., 202.(ヨーン『自然を名づける』)

25 Ibid., 251.(ヨーン『自然を名づける』)

26 R. J. Asher, N. Bennett, and T. Lehmann, "The New Framework for Understanding Placental Mammal Evolution," *Bioessays* 31, no. 8 (Aug. 2009): 853–64; H. Amrine-Madsen, K. P. Koepfli, R. K. Wayne, and M. S. Springer, "A New Phylogenetic Marker, Apolipoprotein B, Provides Compelling Evidence for Eutherian Relationships," *Molecular Phylogenetics and Evolution* 28, no. 2 (Aug. 2003): 225–40; Darren Naish, "The Refined, Fine-Tuned Placental Mammal Family Tree," *Scientific American*, July 14, 2015.

27 Patricia O. Wainright, Gregory Hinkle, Mitchell L. Sogin, and Shawn K. Stickel, "Monophyletic Origins of the Metazoa: An Evolutionary Link with

Fungi," *Science*, Apr. 16, 1993, 340–42.
28 Yoon, *Naming Nature*, 252.(ヨーン『自然を名づける』)
29 Ibid., 254.(ヨーン『自然を名づける』)
30 Ibid., 8.(ヨーン『自然を名づける』)
31 著者によるインタビュー。David Smith(2017年2月28日)。
32 著者によるインタビュー。Melanie Stiassny(2017年3月9日)。
33 著者によるインタビュー(2017年12月12日)。
34 Richard Greenwood, Ashok Bhalla, Alan Gordon, and Jeremy Roberts, "Behaviour Disturbances During Recovery from Herpes Simplex Encephalitis," *Journal of Neurology, Neurosurgery, and Psychiatry* 46 (1983): 809–17.
35 Lisa Oakes, Infant Cognition Lab, University of California, Davis.
36 Yoon, *Naming Nature*, 252, 259.(ヨーン『自然を名づける』)
37 Ibid., 286–99.(ヨーン『自然を名づける』)
38 著者によるインタビュー(2017年12月12日)。
39 著者によるインタビュー(2017年3月20日)。
40 著者によるインタビュー(2019年3月19日)。
41 Jonathan Balcombe, *What a Fish Knows: The Inner Lives of Our Underwater Cousins* (New York: *Scientific American*/Farrar, Straus and Giroux, 2016), 46.(ジョナサン・バルコム『魚たちの愛すべき知的生活　何を感じ、何を考え、どう行動するか』桃井緑美子訳、白揚社、2018年)
42 Frans de Waal, "What I Learned from Tickling Apes," *New York Times*, Apr. 8, 2016.

エピローグ

1 W. B. Yeats 次の資料で引用されている。Sherman Alexie, *The Absolutely True Diary of a Part-Time Indian* (New York: Little, Brown and Company, 2007), epigraph.(シャーマン・アレクシー『はみだしインディアンのホントにホントの物語』さくまゆみこ訳、小学館、2010年)
2 Dominik Kraus, "On Neptune, It's Raining Diamonds," *American Scientist*, Sept. 2018, 285.
3 Rachael Rettner, "Meet Your Interstitium, a Newfound 'Organ,'" *Live Science*, March 27, 2018, https://www.livescience.com/62128-interstitium-or

gan.html.

4 Ian Shapira, "The Parking Garage Beating Lasted 10 Seconds. DeAndre Harris Still Lives with the Damage," *Washington Post*, Sep. 16, 2019.

5 Jason Kessler, "Jason Kessler on His 'Unite the Right' Rally Move to DC," *Morning Edition*, NPR, Aug. 10, 2018.

ルル・ミラー
(Lulu Miller)
サイエンスジャーナリスト。ラジオ番組Radiolabの進行役の1人として人気を博している。ポッドキャストInvisibiliaの立ち上げにも携わった。放送界のピューリッツァー賞と呼ばれるピーボディ賞を受賞。『The New Yorker』『The Paris Review』『VQR』『Orion』『Guernica』『Electric Literature』『Catapult』などに寄稿している。この地球上でお気に入りの場所はヴァージニア州のハンプバック・ロックス。

訳者
上原裕美子
翻訳者。主な訳書は『壊れた世界で“グッドライフ”を探して』『ラマレラ 最後のクジラの民』(NHK出版)、『スタンフォード大学の共感の授業』『僕らはそれに抵抗できない』(ダイヤモンド社)、『後悔せずにからっぽで死ね』(サンマーク出版)など。

魚が存在しない理由

世界一空恐ろしい生物分類の話

2025年3月10日　初版発行
2025年5月20日　第5刷発行

著者
ルル・ミラー

訳者
上原裕美子

発行人
黒川精一

発行所
株式会社サンマーク出版
〒169-0074 東京都新宿区北新宿2-21-1
電話 03(5348)7800

印刷
株式会社暁印刷

製本
株式会社若林製本工場

定価はカバーに表示してあります。落丁、乱丁本はお取り替えいたします。
ISBN978-4-7631-4178-1　C0045
ホームページ https://www.sunmark.co.jp